发型基础剪裁
波波头+方圆三角
技术全解析

任雪薇 / 著

人民邮电出版社
北京

图书在版编目（ＣＩＰ）数据

发型基础剪裁：波波头+方圆三角技术全解析 / 任
雪薇著. -- 北京：人民邮电出版社，2019.2
ISBN 978-7-115-49721-5

Ⅰ. ①发… Ⅱ. ①任… Ⅲ. ①发型—制作—教材
Ⅳ. ①TS974.21

中国版本图书馆CIP数据核字(2018)第238575号

内 容 提 要

本书是发型基础剪裁技术全解析教程，书中从剪发工具、区域划分、提拉、切口等基础知识讲起，分别介绍了经典发型、创新发型、设计发型三大部分，共15款发型的造型技术要点及剪裁方法，包括了：4款波波头，2款男士波波头，3款切口幅度变化发型，3款方圆三角发型以及3款针对短发、中长发和长发的设计发型。

本书适合美发培训学校师生、职业学校师生、美发师、美发助理阅读。

◆ 著　　　　任雪薇
责任编辑　李天骄
责任印制　周昇亮

◆ 人民邮电出版社出版发行　　北京市丰台区成寿寺路 11 号
邮编　100164　　电子邮件　315@ptpress.com.cn
网址　https://www.ptpress.com.cn
涿州市殷润文化传播有限公司印刷

◆ 开本：787×1092　1/16
印张：11　　　　　　　2019 年 2 月第 1 版
字数：474 千字　　　　2025 年 3 月河北第 18 次印刷

定价：69.00 元

读者服务热线：(010)81055296　印装质量热线：(010)81055316
反盗版热线：(010)81055315

目录

第 2 章　创新发型

第 3 章　设计发型

剪发的基础知识

常见的剪发辅助工具

　　辅助发型师剪发的工具。有了这些工具，就可以轻松地让头发变湿，也能更好地将头发分区或推发。

[滚梳]

这种梳子有圆筒状的手柄和密密的鬃毛梳齿，主要用于对头发的自然梳理。在做波浪卷造型时，可用于向里卷或向外卷。

[喷壶]

有的时候，干发不容易进行修剪和造型，这时我们就需要喷壶了。先用喷壶把头发喷湿，剪发会更方便。

[电推剪]

电推剪是常用的辅助理发、美发的工具，一般分为两种，一种为插电式，一种为充电式。在使用电推剪时，在刀片间每隔几齿滴少量推剪油为佳。

[鲨鱼夹]

主要用于固定头发，以免在剪发时头发突然滑落，这种鲨鱼夹可夹起更多的头发，运用比较广泛。

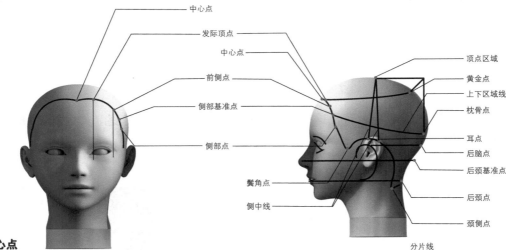

中心点
发际顶点
中心点
前侧点
侧部基准点
侧部点
鬓角点
侧中线

顶点区域
黄金点
上下区域线
枕骨点
耳点
后脑点
后颈基准点
后颈点
颈侧点

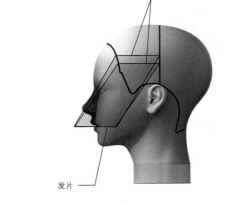

分片线

发片

中心点
从鼻尖向上的延长线与发际线相交的点。

发际顶点
黑眼珠的内侧向上的延长线与发际线相交的点。

前侧点
从眼角向外约 1 根手指的距离，也就是眉尾的位置，向上的延长线与发际线相交的点，是发际线呈弧形的位置。

侧部基准点
前侧点和侧部点的中间点。

侧部点
侧面发际线凸出的一点。

鬓角点
耳前发际线最低的一点。

顶点
头顶最高的一点。

枕骨点
后脑颅骨凸出来的地方与中心线的交点。

耳点
耳朵周围发际线最高的点。

后脑点
从耳朵最高处向后的延长线与中心线的交点。

黄金点
以通过顶点的中心线为基准，与从下颌起呈 45 度角向斜上方提拉的延长线相交的点，基本上就是发旋的位置。

后颈基准点
从鼻尖向后的延长线与中心线的交点。

后颈点
从唇线和耳垂向后的延长线与中心线的交点，一般是后脑下方骨骼凹进去的部分。

颈侧点
侧面发际线最低的一点。

上下区域线
前面的侧部基准点和后面的枕骨点相连接的线。

侧中线
一侧耳点经过顶点与另一侧耳点的连接线。可以根据发型的需要向后略微移动，用于增加侧面的发量。

分片线
在剪发的过程中，会有非常细致的划分。将区域划分为几个更小区域时所划出的线就是分片线。

发片
分片线所划分出来的小区域发束就是发片。

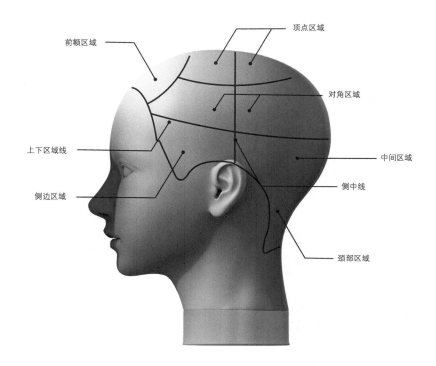

前额区域

顶点区域

对角区域

中间区域

侧中线

上下区域线

侧边区域

颈部区域

上侧区域

上下区域线上方的对角区域、顶点区域、前额区域三个部分结合起来，就是头部的上侧区域。

顶点区域

头顶部周围的头发，是表现动感和质感的区域。

前额区域

由前额的头发和脸部发线的形状构成的区域。

对角区域

头部最突出的地方，是表现头发重心的区域。

下侧区域

上下区域线下方的中间区域、颈部区域、侧边区域三个部分结合起来，就是头部的下侧区域。

中间区域

上下区域线下方、侧中线后方的区域，也是表现出较大发量感的区域。

颈部区域

耳朵后方、中间区域下方的区域，是后脑侧面和下面发际线的轮廓区域，能够决定发型的外轮廓线。

侧边区域

由上下区域线和侧中线相交叉划分出的区域，位于耳朵的前上方。

偏移的基础知识

主要是针对纵向发片或与纵向发片相似的斜向发片，在剪发的时候使用的技术。发片向前面或者向后面提拉出来进行修剪时就会产生偏移，使得修剪后的外轮廓线带有一定的倾斜。偏移的距离越大，剪发以后发片保留的长度就越长，外轮廓线形成的倾斜角度也就越大。

1. 逐渐偏移：前面的发片从头皮向上提拉出来的位置，就是下一个发片产生偏移的位置。

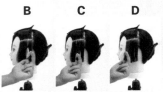
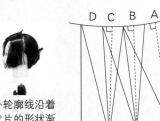

以前面已经修剪好的发片作为向导，从头皮提拉出来的下一个发片从向导发片的位置开始发生偏移。

外轮廓线沿着发片的形状渐渐地变长。

B 发片的偏移

A 发片提拉时无偏移，以 A 发片为向导，使 B 发片向 A 发片的方向发生偏移。

C 发片的偏移

以 B 发片偏移后的位置为向导，使 C 发片向 A 发片的方向发生偏移。

D 发片的偏移

以 C 发片偏移后的位置为向导，使 D 发片向 C 发片的方向发生偏移。

2. 固定偏移：最开始修剪好的发片位置，就是之后同一发片的头发发生偏移的方向和位置。

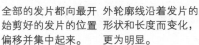

全部的发片都向最开始剪好的发片的位置偏移并集中起来。

外轮廓线沿着发片的形状和长度而变化，更为明显。

B 发片的偏移

A 发片提拉时无偏移，以 A 发片为向导，使 B 发片向 A 发片的方向和位置发生偏移。

C 发片的偏移

以 A 发片为向导，使 C 发片向 A 发片的方向和位置发生偏移。

D 发片的偏移

以 A 发片为向导，使 D 发片向 A 发片的方向和位置发生偏移。

3. 无偏移：全部的发片从头皮向上提拉出来进行修剪，不产生任何偏移的情况。

A 发片从头皮上无偏移地提拉出来进行修剪，后面的发片也全部从头皮上无偏移地提拉出来进行修剪。

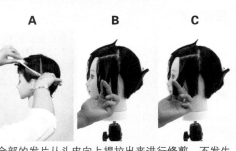
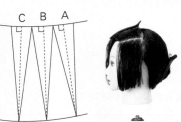

全部的发片从头皮向上提拉出来进行修剪，不发生偏移。

外轮廓线取决于发际线的形状，基本不会发生改变。

发片提拉角度的基础知识

　　将发片提拉出来进行修剪时，剪刀与发片内每根头发的截面所形成的角度为切口，不同切口修剪出的发片断层效果就叫作层次厚度，层次厚度主要由横向发片提拉角度和纵向发片切口幅度所决定。

　　将横向发片进行提拉修剪的时候，一般是根据发片的提拉角度来控制形状走向的，通常会形成上面长、下面短的切口形状，不同角度之间就会形成不同的层次厚度。本书第 1 章就重点讲解了利用发片提拉角度来修剪发型的方法。

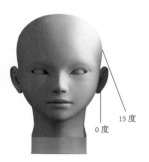

15 度的提拉角度

以 1 根手指的距离上升进行修剪，就会做成大约 15 度（0.5~1cm）的提拉角度。

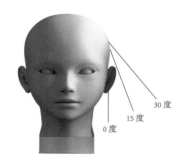

30 度的提拉角度

以比 15 度的提拉角度多向上提拉 1 个手指的距离（2 个手指的距离）进行修剪，就形成大约 30 度的（1~1.5cm）的提拉角度。

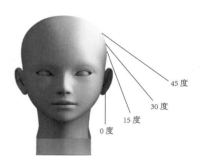

45 度的提拉角度

以比 30 度的提拉角度又多 1 个手指的距离（3 个手指的距离）进行修剪，就会形成约 30 度（1.5 ~2cm）的提拉角度。

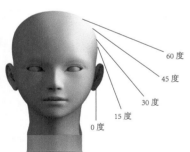

60 度的提拉角度

以比 45 度的提拉角度又多 1 个手指的距离（4 个手指的距离）进行修剪，形成约 60 度（2~2.5cm）的提拉角度。

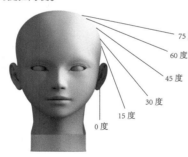

75 度的提拉角度

以比 90 度的提拉角度少 1 个手指的距离（5 个手指的距离）进行修剪，形成约 75 度（2.5~3cm）的提拉角度。

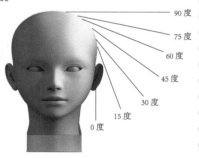

90 度的提拉角度

和地板平行提拉出来进行修剪，形成 90 度（3 ~3.5cm）的提拉角度。

自己一定要明确提拉的角度

把握层次厚度和提拉角度的关系全凭手指的感觉。由于手指的粗细因人而异，要养成 1 个发片剪好以后就进行梳理的习惯，要用眼睛确认"到底当前的提拉角度形成了多大的层次厚度"。

提拉角度与层次厚度的关系

1 指距离 15 度：0.5~1cm 　　2 指距离 30 度：1~1.5cm
3 指距离 45 度：1.5~2cm 　　4 指距离 60 度：2~2.5cm
5 指距离 75 度：2.5~3cm 　　6 指距离 90 度：3~3.5cm

30 度提拉角度

60 度提拉角度

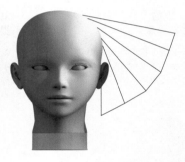

90 度提拉角度

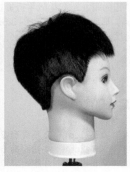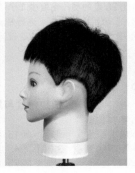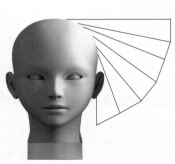

发片切口幅度的基础知识

　　将纵向发片以及与纵向发片相似的斜向发片进行修剪的时候，一般是根据发片的切口幅度来控制形状走向的，通常会形成上面短、下面长，或上面长、下面短的切口形状。上下无长短差异为相同切口幅度，上下长短差异较小为低切口幅度，上下长短差异较大为高切口幅度，不同切口幅度之间就会形成不同的层次厚度。本书第2章就重点讲述了利用发片切口幅度来修剪发型的方法。这里则以上侧区域为例，讲解上面短、下面长的不同切口幅度的差别。

相同切口幅度

从头皮处提拉出平行的发片，对于头皮来说进行平行的修剪。即使是发片中段的差别，幅度也比较小。形成平行于头皮的圆弧形状，发梢的动感比较弱。

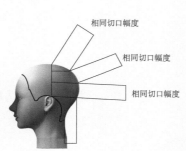

这是将发片相对于头皮平行提拉出来，并进行平行于头皮的修剪，后形成的外轮廓线。

低切口幅度

剪发时，相比相同切口幅度，发片的上面要短一个手指的幅度。不同发片的长短被渐渐拉开，比相同切口幅度纵向的外轮廓线要长一些。

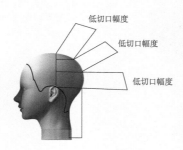

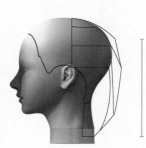

这是将发片相对于头皮平行提拉出来，发片的上侧比下侧要短一个手指的距离，修剪后形成的外轮廓线。

高切口幅度

以比低切口幅度发片的上面再短一个手指的距离进行修剪。发片的高低距离范围更加扩大，形成纵向外轮廓线较长的形状。

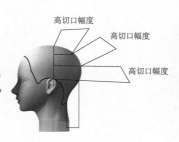

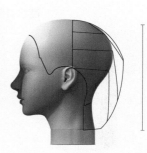

这是将发片相对于头皮平行提拉出来，发片的上侧比下侧短两个手指的距离，修剪后形成的外轮廓线。

发片的切口幅度和层次厚度的关系

相同切口幅度

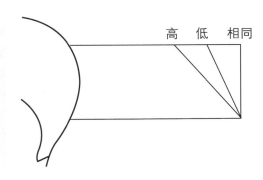

高 低 相同

低切口幅度

确认发片的切口

相对于头皮平行提拉出来的发片的切口是被赋予变化的。从相同切口幅度到高切口幅度的控制，要用手指来记住。

切口的形状

相同切口幅度产生上下等长的切口。
低切口幅度，发片的上侧比起相同切口幅度要短一个手指的距离，形成上短下长的切口。
高切口幅度，发片的上侧比低切口幅度还要短一个手指的距离，形成比低切口幅度更明显的上短下长的切口。

高切口幅度

左边的三个发型，修剪时发片的提拉角度、修剪长度都是按照统一标准进行操作的，不同的只是发片的切口幅度。具有切口幅度的发型，重心区会向上提拉升高，使得发型变成曲面形状。切口幅度越大，外轮廓线的曲线幅度也越大，从而令发梢形成动感。不要过分依赖削发打薄来制作层次厚度，而是要根据发片的切口幅度来进行操作，控制层次厚度和发梢动感。这样，头发造型不容易崩塌，再现性也会很高。控制发片的切口幅度对于形成头发造型的重心区域会有很大的影响。

第1章

经典发型

开始讲解之前，要对本书中使用的专业术语和设计手法等基础知识进行解说。

　　本章主要讲述针对横向发片以及与横向发片相似的斜向发片进行的修剪。这一修剪方法以控制发片的提拉角度为主要技术，来制作富有层次变化的发型。

　　熟练掌握发片提拉的角度和偏移的方向，利用正确的发片控制技术赋予造型不同的效果，是本章学习的重点。

1

0 度 BOB 发型

2

30 度 BOB 发型

3

60 度 BOB 发型

4

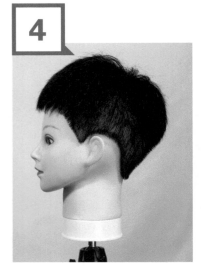

90 度男士发型

5

前低后高的 BOB 发型

6

前短后长的 BOB 发型

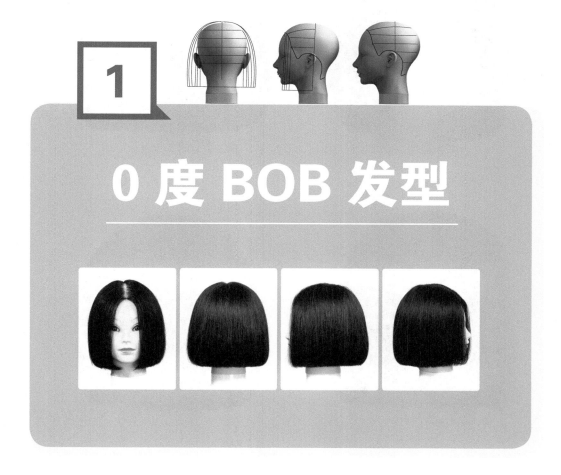

0 度 BOB 发型

技术的关键点

一直用梳子进行梳理，采用自然而有弹性的剪发技术。

将头发以自然下垂的方向进行梳理，剪发时随着操作对象位置的改变而移动身体的站位和姿势。这些都是很重要的事。平整干净的外轮廓线和富有光泽的头发表面是造型的关键点。

保证发型完成度的关键点

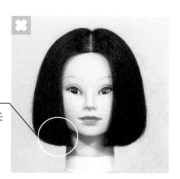

检查 1

前面的头发形成了不规则的长度，里面一侧较长。

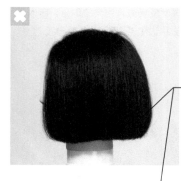

检查 2

侧面的外轮廓线靠近脸颊的位置稍稍形成了前低后高的样子。

检查 3

外轮廓线带有尖锐感。

前面

判定 1

下颌附近的头发变长了，原因是剪发的时候肘部没有保持水平，向下弯曲了。

右侧面

判定 2

剪右侧面头发的时候，由于肘部向下弯曲，造成外轮廓线前低后高。

左侧面

判定 3

由于该发型要给人甜美的印象，所以不能形成尖锐的、不平整的外轮廓线。

背面

剪发时手部没有支撑，肘部就容易向下弯曲，无法保持水平，从而造成剪刀倾斜、前面的头发变长的情况。在实际操作时要注意这一问题。

O 度 BOB 发型剪发流程

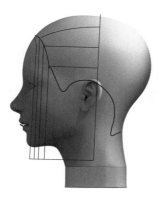

1.侧中线将头发分成前后两部分。

2.中心线将头发分成左右两部分。

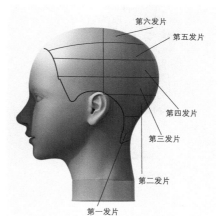

第六发片
第五发片
第四发片
第三发片
第二发片
第一发片

示意图 A

3. 根据示意图 A 将后侧区域的头发分为横向六个发片。首先要确认头发修剪的长度,从正面看上去与下颌在同一水平位置。

4. 不要改变梳子的高度,移动到颈部的位置。

5. 从步骤 4 中设定的高度向下移动3cm 进行修剪。

6. 下侧头发需要模特向前低头修剪。以步骤 5 中已经确定好的高度为基准，将梳子轻轻压在发片上，呈板状进行修剪。

7. 以梳齿为基准，不要带有角度，呈板状进行修剪。

8. 另一侧也同样地进行修剪，确认一下左右是否对称。

9. 第一发片剪好的状态。

10. 在耳点向后的延长线上取得第二发片，从中心线开始修剪。

11. 从中心线到两侧发梢剪成同样的板状。这时，模特的头部也要稍稍向前倾斜。

12. 第二发片剪好的样子。

13. 在侧部点向后的延长线上取得第三发片并进行修剪。此时模特的头部无须下低，保持直立即可。

14. 第三发片剪好的样子。

15. 第四发片在侧部基准点向后的延长连接线上，以剪好的第三发片为向导进行剪发。

16. 以正对修剪发片的方向一边移动站位，一边进行修剪。

17. 就这样边移动边继续修剪。

18. 另一侧也同样地边移动边修剪。

19. 将剩下的头发平均分成两等份，取后方部分为第五发片。由于受到发旋的影响，这里要梳理一下头发，使其自然下垂。

20. 用梳子梳理后再进行剪发。

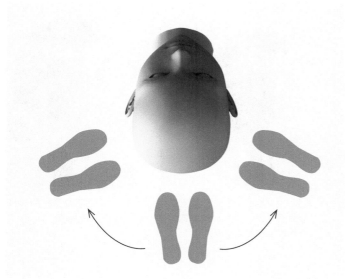

修剪发片时，身体站立的位置要进行移动。不只是单纯地倾斜身体的上半部分来操作，站立位置的变化也是很重要的。

21.同样地一边移动站位一边进行剪发。另一侧也采用同样方式进行修剪。

22.第六发片也是后侧区域的最终发片。梳理头发，使其自然下垂后进行修剪。

23.一边移动身体的站位一边修剪，直至侧中线的位置。另一侧也同样地进行修剪。

24.后侧区域剪好的样子。

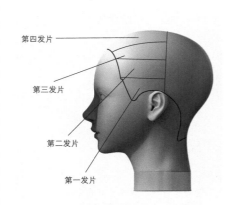

第四发片

第三发片

第二发片

第一发片

示意图 B

25.根据左侧示意图 B 将左侧区域的头发分为横向四个发片。在侧部点向后的延长线上取得第一发片。

26.以后侧区域剪好的头发为向导，进行平行修剪。

27. 左侧区域的第一发片已经剪好的样子。

28. 第二发片从侧部基准点的延长线上划分出来，以第一发片为向导进行修剪。

29. 第二发片已经剪好的样子。

30. 将剩下的头发平均分成两等份，取下方部分为第三发片。用手指压住两个发片的分片线，梳理第三发片。

31. 第三发片已经梳理好的状态。

32. 以第二发片为向导修剪第三发片。

33. 自后向前修剪，至发梢为止。

34. 第三发片已经剪好的样子。

35. 修剪最终的第四发片。用手指压住中心点，梳理第四发片。然后，以第三发片为向导进行剪发。

36. 左侧区域已经剪好的状态。

37. 右侧区域也以同样的方式进行剪发。

38. 在两侧发际顶点与头顶正上方的顶点连线上取得前额区域的头发，向前方 0 度角提拉并用手指夹住。

39. 将手指夹住的前额区域头发向头顶正上方提拉，使发束后侧垂直于头顶的头皮，并进行修剪。

40. 取侧中线到黄金点的发束，全部向中心线提拉并进行修剪。

步骤 40 结束之后的四面视图。之后，用吹风机进行吹发，整理外轮廓线。

41. 用吹风机吹干后，后侧区域头发
要以长度最短的头发为基准进行修剪。
整理下侧的外轮廓线。

42. 用削发打薄的方法整理下侧残留
的尖锐发线。

43. 让模特头部向前倾斜，对从内侧凸
显出来的头发进行修剪。

44. 继续检查左侧区域的头发，以后
面整理好的头发为向导，整理左侧区
域的外轮廓线。

45. 让头部向右侧倾斜，对从内侧凸
显出来的头发进行修剪。之后，用同
样的方式修剪并整理右侧区域的头发。

2

30 度 BOB 发型

技术的关键点

首先要控制发片，形成30度（2个手指的距离）向上提拉的角度，其次对于后侧区域的斜面外轮廓线，要一边进行层次厚度的移动修剪，一边对颈部头发的修剪技术加以设计。

保证发型完成度的关键点

与目标发型进行比较，对可能在剪发中出现的错误进行检查。

检查 1

前面的头发形成了不规则的长度，里面一侧较长。

检查 2

外轮廓线形成了前高后低的样子。

 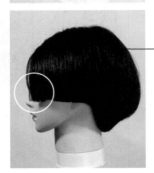

检查 3

层次厚度在小区域内堆叠，外轮廓线就会重叠在一起。

检查 4

后侧区域右侧的重心区保留过多。

错误的造型

前面

判定 1

由于第三发片之后的发片都比之前的发片提拉角度大，所以里面的头发就变短了。

右侧面

判定 2

和判定 1 相同的原因，造成了前高后低的外轮廓线。

左侧面

判定 3

第三发片的提拉角度只有 15 度，造成层次的重叠。

背面

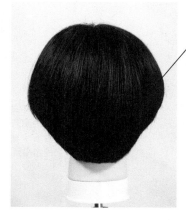

判定 4

后侧区域的右侧向上提拉角度过大，造成右侧头发较长，背面就显得较厚重。

从第三发片开始之后的每一个发片都要以 30 度进行提拉，如果都比之前的发片提拉角度要大，那么之前的头发就会相对变短。

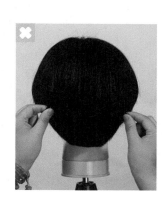

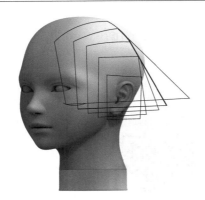 

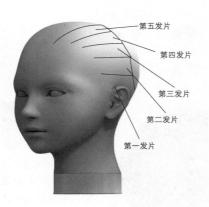

第五发片

第四发片

第三发片

第二发片

第一发片

示意图 A

1. 侧中线将头发前后分开。根据左侧的示意图 A 将前侧区域的左侧分为五个发片。取第一发片，在鼻尖的水平延长线上设定其高度。

2. 依据设定好的长度进行修剪。

3. 用另一只手辅助，进行平行修剪。

4. 按照这种高度，水平修剪第一发片。

5. 在侧部基准点向后的延长线上获取第二发片，以 15 度（1 指距离）向上提拉后进行修剪。

6. 第二发片已经剪好的样子。

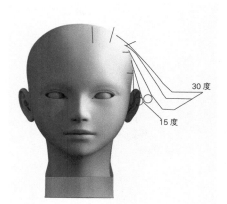

30 度

15 度

7. 在前侧点向后的延长线上获取第三发片,以 30 度(2 指的距离)向上提拉后进行修剪。

8. 第三发片已经剪好的样子。

9. 将剩下的头发平均分成两等份,取下方的发束为第四发片,同样地向上提拉 30 度(2 指距离)进行修剪。

10. 最后的第五发片,也同样地向上提拉 30 度(2 指距离)进行修剪。

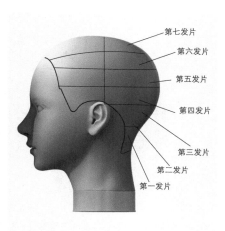

第七发片
第六发片
第五发片
第四发片
第三发片
第二发片
第一发片

示意图 B

11. 修剪后侧区域的头发。依据左侧示意图 B 将后侧区域的头发分为七个发片。

12. 以后颈点为最低点,在颈部区域内进行发片的划分,取得第一发片。

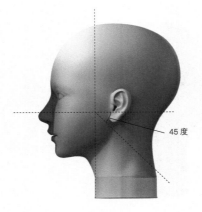

45 度

13. 首先要设定外轮廓线的高度，然后以耳垂为基点，向斜后下方 45 度角进行剪发。

14. 就这样一直到颈侧点位置，进行推进剪发。

15. 修剪到中心位置为止，并决定颈部区域的外轮廓线最低点的高度。

16. 以发片左侧上移 1.5cm 左右位置为基点，梳子向后下方倾斜 45 度，按照自后向前的方向进行剪发。

17. 用梳子压住头发，不带有层次厚度地进行剪发。

18. 第一发片的外轮廓线已经剪好，而后修剪第二发片。

19. 将剩下的后颈区域的头发分成两等份，取下方的发束为第二发片。

20. 以下面的第一发片的长度为依据，向上提拉 15 度（1 指的距离），一边向前形成偏移一边进行剪发。

21. 用同样的方式继续进行剪发。

22. 向中心位置移动修剪时，慢慢地减弱偏移效果。到中心线时就不产生偏移了，只向上提拉 15 度（1 指距离）进行剪发。

23. 颈部区域剩下的发束为第三发片。

24. 向上提拉 30 度（2 指的距离），一边向前形成偏移一边进行剪发。

25. 继续以同样的方式进行剪发。向中心位置移动修剪时，慢慢地减弱偏移效果。

26. 到中心线位置就不产生偏移了，只向上提拉 30 度（2 指距离）进行剪发。

27. 颈部区域左侧已经剪好的样子。

28. 用同样的方式修剪颈部区域右侧，将颈部区域修剪完成。而后开始修剪上方的对角区域。

29. 在侧部基准点向后的延长线上获取第四发片。以颈部区域的发片为依据，向上提拉 15 度（1 指的距离），一边向前偏移一边剪发。

30. 以同样的方式继续进行剪发。

31. 向中心位置移动修剪时，慢慢地减弱偏移效果。

32. 到中心线就不产生偏移了，只向上提拉 15 度（1 指距离）进行剪发。在前侧点向后的延长线上获取第五发片，采用同样的方式进行剪发。

33. 在发际顶点向后的延长线上获取第六发片。以下面的第五发片为依据，向上提拉 30 度（2 指的距离），一边向前偏移一边进行剪发。

34. 以同样的方式继续进行剪发。

35. 向中心位置修剪时，慢慢减小偏移幅度。到中心线就不产生偏移了，只向上提拉 30 度（2 指距离）进行剪发。

36. 保留对角区域左侧最后的第七发片。先按照同样的方式对右侧进行修剪。

37. 取对角区域左侧最后的第七发片，向上提拉 30 度（2 指的距离），一边向前偏移一边进行剪发。

38. 以同样的方式继续进行剪发。

39. 到中心线位置就不产生偏移了，只向上提拉 30 度（2 指距离）进行剪发。

40. 按照同样的方式对右侧的第七发片进行修剪，对角区域就完成了。

41. 在两侧发际顶点与头顶正上方的顶点连线上取得前额区域的头发，向前方 0 度角提拉，并用手指夹住。

42. 将手指夹住的前额区域向头顶正上方提拉，使发束后侧垂直于头顶的头皮，并进行修剪。

43. 取侧中线到黄金点之间的发束，呈放射状分成三个发片，以垂直于头皮方向提拉并进行剪发，完成顶点区域和整个发型的修剪。

步骤 43 结束之后的四面视图。之后，用吹风机进行吹发，整理外轮廓线。

3

60 度 BOB 发型

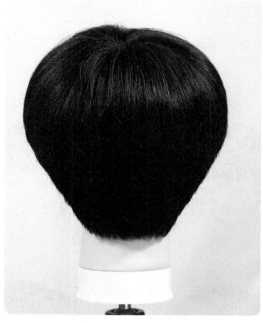

技术的关键点

以60度（4指距离）的角度向上提拉做成的层次造型。

在颈部呈放射状划分发片并进行修剪，形成向内收缩的样式。制作刘海时，通过在顶点增加层次厚度来控制发型表面的形状。

对于每个区域的修剪，都要很清楚地知道主要设计点是什么。

保证发型完成度的关键点

与目标发型相比较，对在剪发中可能发生的错误进行检查。

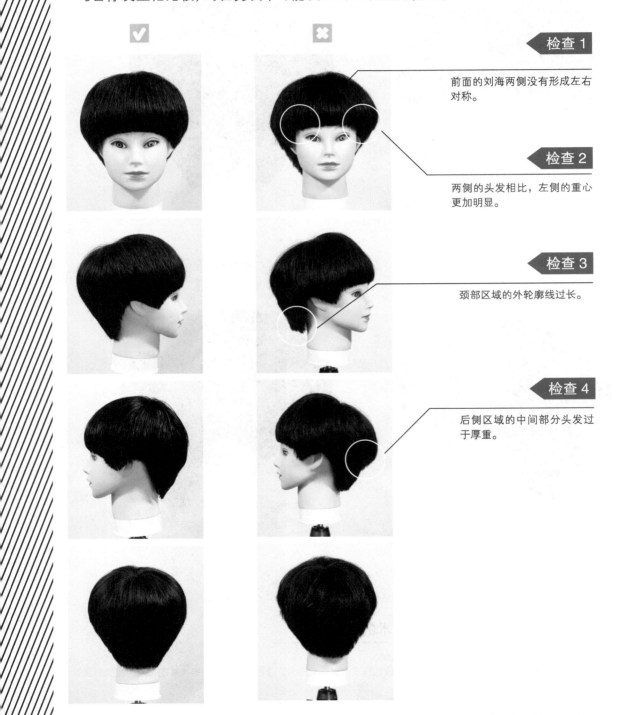

检查1

前面的刘海两侧没有形成左右对称。

检查2

两侧的头发相比，左侧的重心更加明显。

检查3

颈部区域的外轮廓线过长。

检查4

后侧区域的中间部分头发过于厚重。

错误的造型

失败的原因是通过向右侧偏移处理来修剪刘海，使得右边一侧的刘海过长，导致刘海的外轮廓线变成了不规则的样子。

失败的原因是对于左侧区域发片采用了前低后高的方式进行剪发，使重心的位置发生了变化。

判定 1

左侧区域发片的切口不一致导致两侧外轮廓线不对称。

判定 2

修剪刘海时，采用了偏移的方式进行处理。

判定 3

颈部外轮廓线的设定发生错误。

判定 4

后侧区域的发片向上提拉的角度偏小。

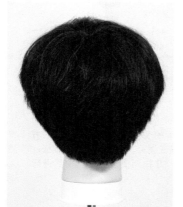

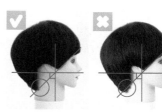

以耳朵下方向斜后方 45 度的角度设定颈部外轮廓线，可以找到是最好的平衡点。设定错误的话，就会导致这里残留过多的头发。

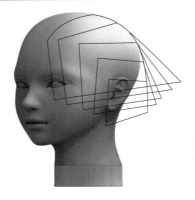
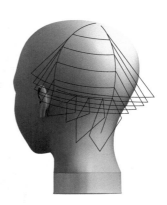

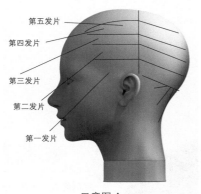

第五发片
第四发片
第三发片
第二发片
第一发片

示意图 A

1. 侧中线将头发前后分开。根据左侧示意图 A 将前侧区域的左侧分为五个发片，取第一发片，以鼻尖的水平延长线确定发片后侧的高度。

2. 以上唇的水平延长线确定发片前侧高度。而后以 15 度（1 指距离）向上提拉第一发片，以测量好的前后高度斜向修剪发片。

3. 在侧部基准点向后的延长线上获取第二发片，以 30 度（2 指距离）向上提拉后进行修剪，与第一发片形成长度差，使得鬓角变长。

4. 将剩下的头发分成三等份，取下方发束为第三发片，以第二发片为依据，以 45 度（3 指距离）向上提拉后进行修剪。

5. 将剩下的头发再分成二等份，取下方发束为第四发片，以第三发片为依据，以 60 度（4 指距离）向上提拉后进行修剪。

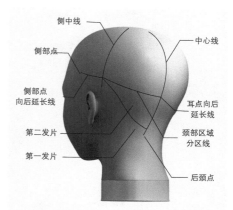

6. 剩下最后的第五发片，也要向上提拉60度（4指距离）进行剪发。

7. 最后的第五发片向上提拉60度（4指距离）以后的样子。

8. 以侧中线和侧部点向后延长线的交叉点为起点，以中心线与耳点向后延长线的交叉点为终点，连线划分出颈部区域。以后颈点为最低点进行发片的划分，取得第一发片。

9. 以步骤8的方式沿发际线划分第一发片，设定耳朵下方向斜后方45度的延长线为确定部外轮廓线的高度。

10. 在第一发片中，以头发自然下垂的方式，自前向后剪出颈部外轮廓线。

11. 继续修剪至中心线的位置。

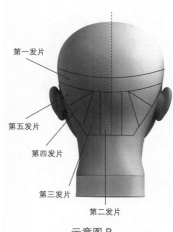

12. 靠近侧中线的头发，都以15度（1指距离）向上提拉后进行剪发。

13. 取颈部区域左侧剩下的头发为第二发片，以15度（1指距离）向上提拉后进行剪发。

示意图 B

14. 按照示意图 B 对颈部区域左侧再次进行分片，分为五个发片，取其中的第一发片。

15. 向上提拉 45 度（3 指的距离），一边向前偏移，一边进行剪发。

16. 向中心位置移动修剪时，慢慢地减小偏移幅度。

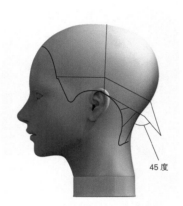

45 度

17. 在颈部区域的中心线附近取得纵向的第二发片，剪出层次。

18. 自中心线向外依次取得放射状的第三、第四和第五发片，修剪出带有层次的头发。

19. 颈部区域已经剪好的样子。

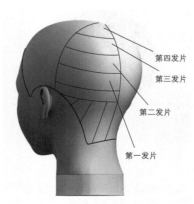

第四发片
第三发片
第二发片
第一发片

示意图 C

20. 开始修剪对角区域左侧。根据左侧示意图 C 将对角区域左侧分为四个发片，取第一发片，向上提拉 30 度（2 指的距离），一边向前偏移，一边剪发。

21. 向中心位置移动修剪时，慢慢地减小偏移幅度。

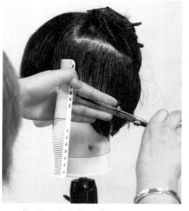

22. 将剩下的头发分成三等份，取下方发束为第二发片，向上提拉45度（3指的距离），一边向前偏移，一边剪发。

23. 向中心位置移动修剪时，慢慢地减小偏移幅度。

24. 取第二发片上方均分出的发束为第三发片，向上提拉60度（4指的距离），一边向前偏移，一边剪发。

25. 向中心位置移动修剪时，慢慢地减小偏移幅度。

26. 将均分出的最上方发束，也是最后的第九发片，向上提拉60度（4指的距离），一边向前偏移，一边剪发。

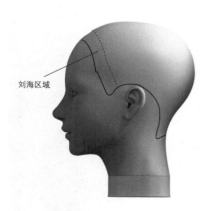

刘海区域

示意图 D

27. 依照左侧示意图D，从前额发际线向后约2cm的区域为刘海区域，以眼睛的水平高度为基准。

28. 向上提拉刘海区域的发片，直至与地板平行。

29. 对发片进行平行剪发。

30. 平行修剪发片后，头发自然下垂，刘海的外轮廓线形成环状。

31. 以同样的方式取顶点区域的发片并向上提拉。

32. 对顶点区域的发片进行平行修剪。

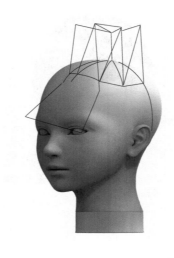

第一发片

第六发片

第五发片

第四发片

第三发片

第二发片

示意图 E

33. 按照左侧示意图 E，将顶点区域左侧分为六个发片。取第一发片，就是平行于中心线的发片，垂直向上提拉并剪出平行于地板的切口。

34. 将顶点区域的头发，以侧中线和中心线的交叉点为基准点，呈放射状分区，获取第二发片进行剪发。

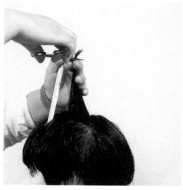

35. 以同样的方式获取并修剪第三发片和第四发片。

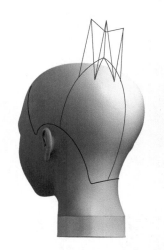

36. 以同样的方式获取并修剪第五发片。

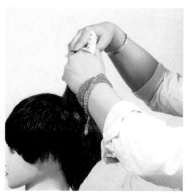

37. 以同样的方式获取并修剪第六发片，完成对顶点区域和整个发型的修剪。

4

90 度男士发型

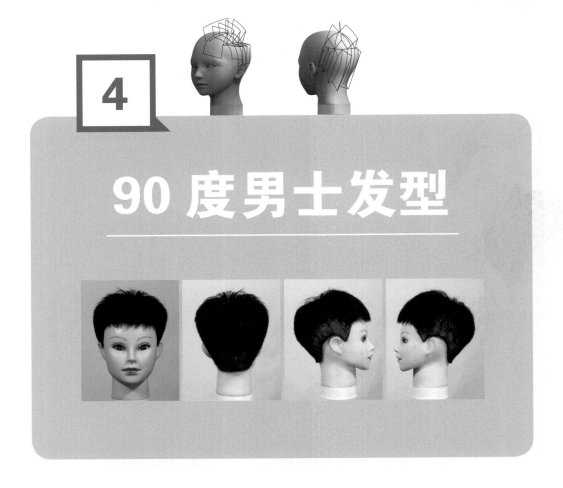

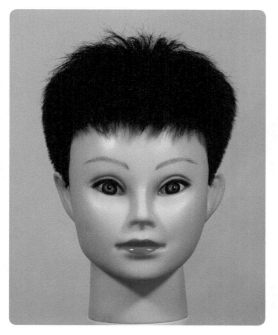
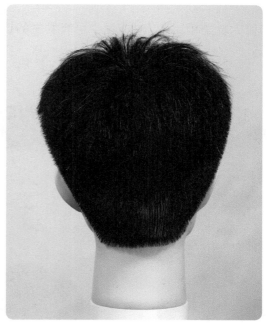
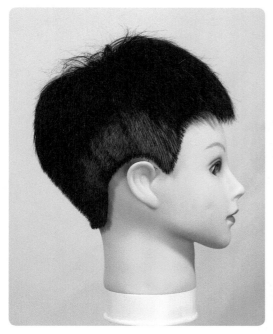

技术的关键点

对于顶点区域，要沿着头部的弧度进行相同层次的修剪，与对角区域和前额区域头发的连接一定要流畅。通过控制梳子的角度来控制剪好以后头发的厚薄。最后进行整理，使头发干净利落，也是一个关键点。

保证发型完成度的关键点

与目标发型相比较，对剪发中可能发生的错误进行检查。

✔　　　　　✘

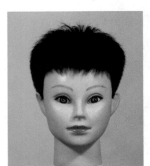
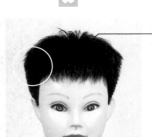

检查 1

剪好的侧边区域外轮廓线倾斜角度是否过大。从正面就可以看到。

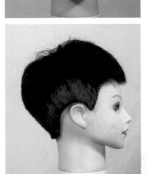
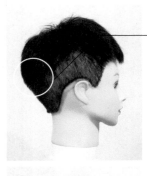

检查 2

中间区域后侧的头发厚度是不是过大。

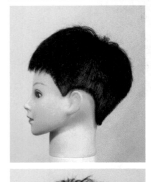

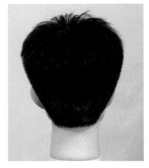

前面

判定 1

如果剪好的侧边区域外轮廓线角度过大，从正面看，发型就会变宽。

右侧面

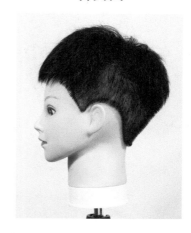

左侧面

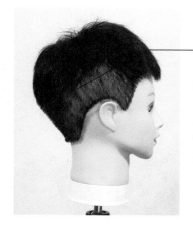

判定 2

由于在对角区域和中间区域后侧是修剪纵向的发片，如果没有以顶点区域的发片为依据，那么厚度就会过厚。

背面

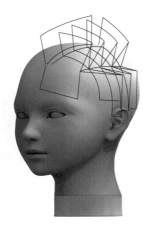
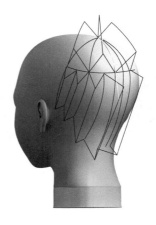

刘海区域

示意图 A

1. 依照左侧示意图 A，从前额发际线向后约 2cm 的区域为刘海区域，以眉毛和额头中间位置的水平高度为基准。

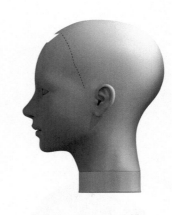

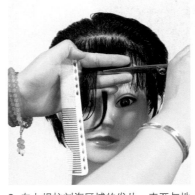

2. 向上提拉刘海区域的发片，直至与地板平行。

3. 对刘海区域进行平行修剪，其切口垂直于发片，平行于地板。

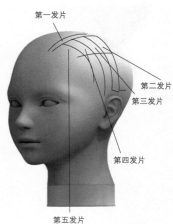

第一发片

第二发片

第三发片

第四发片

第五发片

示意图 B

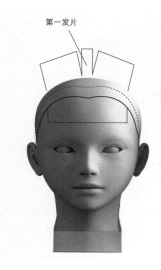

第一发片

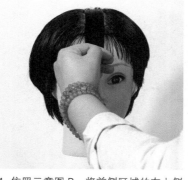

4. 依照示意图 B，将前侧区域的左上侧划分为五个发片，取中心线上约 2cm 宽度的第一发片。

5. 相对于头部弧度向上垂直提拉，与头部的弧度成平行方向进行修剪（切口幅度相同）。

6. 依照头部弧度修剪至发片与侧中线的交叉处。

7. 修剪横向的第二发片，同样相对于头部弧度向上垂直提拉，与头部的弧度成平行方向进行修剪。

8. 修剪第三发片和第四发片，一边向上垂直提拉并平行于头部弧度进行修剪，一边将发片向前略微偏移。

9. 修剪第五发片，同样一边向上垂直提拉并平行于头部弧度进行修剪，一边将发片向前略微偏移。

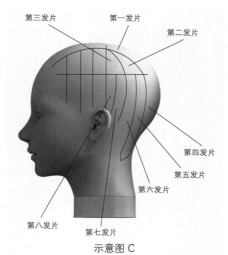

第三发片　　第一发片

第二发片

第四发片

第五发片

第六发片

第八发片　　第七发片

示意图 C

10. 按照左侧示意图 C 将后侧区域左侧头发分为八个发片，取中心线上的第一发片，进行相同切口幅度的剪发。

11. 取第一发片旁边呈放射状的第二发片和第三发片，进行相同切口幅度的剪发。

12. 取中心线上宽度为 2cm 的第四发片，相对于头部弧度向后垂直提拉，与头部的弧度成平行方向进行修剪。

13. 以同样的方式修剪第四发片的中间位置。

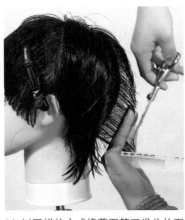

14. 以同样的方式修剪至第四发片的下侧发际线。

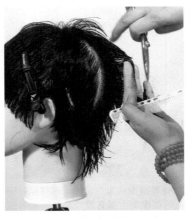

15. 以同样的方式提拉修剪第五发片。

16. 以同样的方式修剪至第五发片的下侧发际线。

17. 以同样的方式提拉修剪第六发片。

18. 以同样的方式提拉修剪第七发片。

19. 以同样的方式提拉修剪第八发片。

20. 到目前为止，左侧区域已经剪好的样子。上面的头发发量较多，发色就变得较为浓厚了。

21. 以同样的方式修剪至第八发片的下侧发际线。

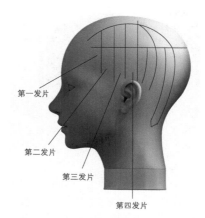

第一发片

第二发片

第三发片

第四发片

示意图 D

22. 依照示意图 D，将前侧区域的左下侧划分为四个发片，依次进行修剪。

23. 四个发片的修剪方式仍然是相对于头部弧度向一侧垂直提拉，与头部的弧度成平行方向进行修剪。

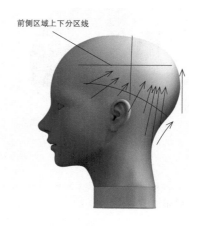

前侧区域上下分区线

24. 对前侧区域的左下侧进行削发打薄处理，在这一过程中，要向着黄金点的方向移动梳子。

25. 削发打薄的时候，从侧部点位置开始，用梳子贴着头皮向黄金点方向推进。

26. 从侧部点开始，一直到前侧区域上下分区线和侧中线的交叉点为止，斜向移动梳子，边移动边削发打薄。

27. 继续从侧部基准点开始，一直到前侧区域上下分区线和侧中线的交叉点为止，斜向移动梳子，边移动边削发打薄。

28. 对前侧区域的左下侧其他位置进行削发打薄处理。

29. 继续对前侧区域的左下侧其他位置进行削发打薄处理。

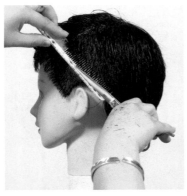

30. 同样对前侧区域的左下侧其他位置进行削发打薄处理。

31. 逐渐移动到后侧区域的中间区域，继续进行削发打薄处理。

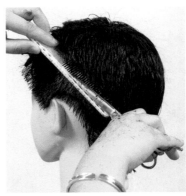

32. 对后侧区域的中间区域其他位置进行削发打薄处理。

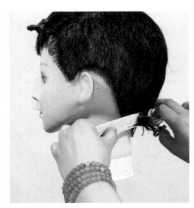

33. 对后侧区域的颈部区域进行削发打薄处理。

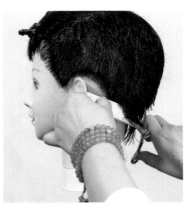

34. 对颈部区域下侧的发际线处进行削发打薄处理。

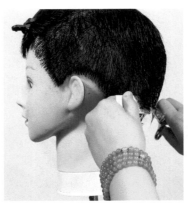

35. 继续对颈部区域下侧的发际线处进行削发打薄处理。

36. 对全部头发进行过削发打薄处理后，对前侧区域上下分区线附近的头发进行剪发。

37. 这里要通过用刀尖削剪的方法，以下面头发的长度为依据进行修剪。

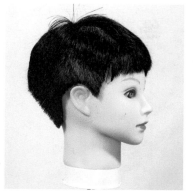

38. 已经使用刀尖削剪过的部分和上下两侧的头发自然过渡，形成了发型两侧的边角形状。

39. 将顶点区域整体分为左、中、右三部分，分别进行修剪。

40. 对已经剪好的顶点区域边角进行削发打薄处理。

41. 两侧的边角要向上修剪，与已经削发打薄的顶点区域进行融合。

42. 一直修剪到顶点位置都达到同样的融合。

5

前低后高的 BOB 发型

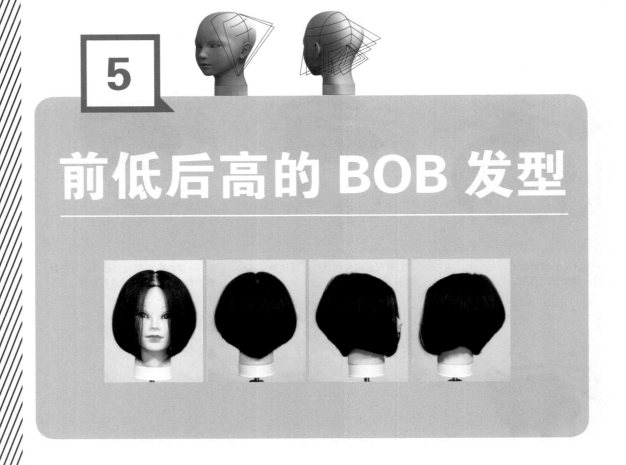

技术的关键点

恰当而合理地运用偏移是形成发型前低后高的要点。

层次的大小为，从后侧区域开始向脸部周围越来越窄。对发片提拉角度的控制是产生这种层次的关键点。在后侧区域要一边进行偏移处理，一边用手指夹住进行修剪，使得发型整体上产生高低差。这是主要的剪发技术。

保证发型完成度的关键点

与目标发型相比较，对可能在剪发中发生的错误进行检查。

✔️   ❌

◀ 检查 1

前面的脸颊两侧没有形成对称。

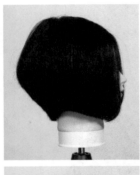 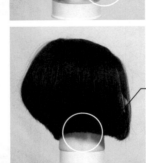

◀ 检查 2

右侧区域下方的外轮廓线没有产生自然的弯曲，变成直线了。

◀ 检查 3

重心区向下的层次过渡不够自然。

 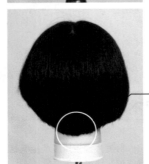

◀ 检查 4

后侧区域下方的外轮廓线比较尖锐。

错误的造型

根据发片的位置稍稍向上提拉。随着发片位置的变化，提拉的角度也要有相应的变化。

如果右侧区域比左侧区域向后偏移得更加强烈，左侧区域保留的长度就要更长一些。

前面

左侧面

判定 1

如果向后方偏移处理过多的话，长度就会变得更长一些，两侧区域就会不对称。

判定 2

由于发片向上提拉的角度较小且没有变化，导致后侧区域的头发堆积在一起。

右侧面

判定 3

如果发片修剪时没有进行向后的偏移，外轮廓线就不会形成自然的弯曲，而是会形成一条直线。

背面

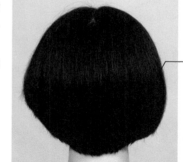

判定 4

在颈部区域的外轮廓线处残留了尖锐且不平整的折角。

中心线附近的头发最长的话，发型会看起来比较整齐。失败的原因是，对发际线部分削剪的方法过于简单，留下了尖锐和不平整的部分。

后侧区域的发片要向上提拉修剪，才能形成自然完全的弧度。失败的原因是，由于没有提拉发片，导致重心区和颈部的发线相连接，形成直线。

前低后高的 BOB 发型剪发流程

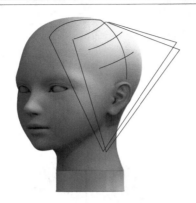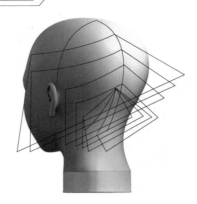

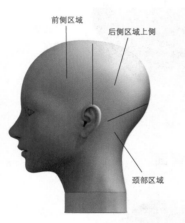

前侧区域

后侧区域上侧

颈部区域

示意图 A

1. 依据示意图 A 进行分区，侧中线将头发分为前后两部分，中心线将头发分为左右两部分，通过后脑点和耳朵中间的连线得到颈部区域。

2. 已经分区的状态。

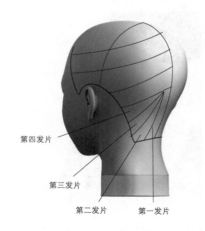

第四发片

第三发片

第二发片 第一发片

示意图 B

3. 依据示意图 B 将颈部区域左侧分为四个发片。以下颌偏下 1cm 的水平位置为修剪高度的标准。

4. 取中心线上纵向的第一发片，向后垂直于头部提拉出来，以确定的高度标准进行高切口幅度的修剪。

5. 取斜向的第二发片，在进行高切口幅度修剪的同时，使发片的上半部分向中心线方向产生偏移。

6. 对第二发片的下半部分不进行偏移修剪，只进行高切口幅度修剪。

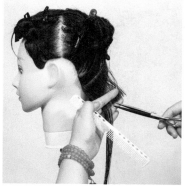

7. 取第三发片，使发片的上半部分向中心线方向产生偏移，进行低切口幅度的修剪。

8. 使第三发片的下半部分同样向中心线方向产生偏移，进行低切口幅度的修剪。

9. 取第四发片，提拉角度略大于第三发片，将发片的上半部分向中心线方向进行偏移修剪。

10. 使第四发片的下半部分同样向中心线方向产生偏移，逐渐降低提拉角度进行修剪。

11. 颈部区域已经剪好的样子。

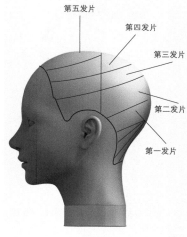

示意图 C

12. 根据示意图 C 将颈部区域以上的头发分为五个横向发片，取第一发片，宽度约为 2cm。

13. 让第一发片靠近中心线的后半部分向中心线方向偏移，向上提拉 30 度（2 指距离）以后开始剪发。

14. 将第一发片远离中心线的侧边部分下降至 15 度（1 指距离），保持偏移方向进行剪发。对中心线右侧对称的发片也进行同样的剪发。

15. 取第二发片，分片线起点为侧部点。让靠近中心线的后半部分向中心线方向偏移，向上提拉 45 度（3 指距离）以后开始剪发。

16. 将远离中心线的侧边部分逐渐降低提拉角度，保持偏移方向进行剪发。

17. 在侧中线处下降至 30 度（2 指距离），保持偏移方向进行剪发。向上提拉和偏移可以形成弯曲的外轮廓线。

18. 外轮廓线形成以后的弯曲状态。

19. 将侧中线前面部分继续降低提拉角度，保持偏移方向进行剪发。

20. 至发际线处，提拉角度降低至 0 度，保持偏移方向进行剪发。

21. 取第三发片，让靠近中心线的后半部分向中心线方向偏移，向上提拉 60 度（4 指距离）以后开始剪发。

22. 逐渐降低提拉角度，在侧中线处降至 45 度（3 指距离），保持偏移方向进行剪发。

23. 逐渐降低提拉角度，至发际线处降至 15 度（1 指距离），不产生偏移地进行剪发。

24. 逐渐降低提拉角度，修剪第三发片，就会形成弯曲形状的外轮廓线，表现出高低的差别。

25. 取第四发片，让靠近中心线的后半部分向中心线方向偏移，向上提拉 75 度（5 指距离）以后开始剪发。

26. 逐渐降低提拉角度，在侧中线处降至 60 度（4 指距离），保持偏移方向进行剪发。

27. 逐渐降低 提拉角度，至发际线处降至 30 度（2 指距离），不产生偏移地进行剪发。

28. 取第八发片，采用和第七发片同样的剪发顺序、提拉角度和偏移方式进行修剪。

29. 对最后的第九发片，依照头发自然下垂的方向进行梳理，剪发的面积变得越来越小。

30. 将靠近中心线的后半部分向上提拉 75 度（5 指距离）以后开始剪发，至侧中线处降至 60 度（4 指距离）。

31. 对于侧中线前面部分，继续降低提拉角度进行剪发。

32. 逐渐降低提拉角度，至发际线处降至 15 度（1 指距离），进行剪发。

33. 第九发片完成后，形成明显的曲线和高度差别。对中心线右侧对称的发片也进行同样的剪发。

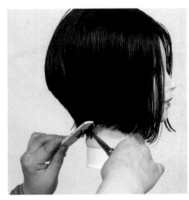

34. 步骤 33 的剪发结束以后，保持中心线的长度不发生变化，整理外轮廓线。以梳子的方向和角度进行整理。

35. 整理外轮廓线的时候，耳朵下面的曲线部分不要修剪掉。

36. 保持中心线的长度不发生变化，继续整理右下方的外轮廓线。

37. 基本剪发结束以后，进行吹发，并对剪发细节进行检查。

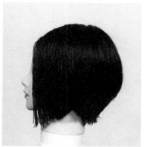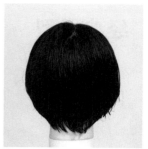

步骤 37 结束之后的四面视图。之后，用吹风机进行吹发，整理外轮廓线和细节。

38. 整理浮动的发线。

39. 在脸颊两侧的位置进行同样的检查和整理。

40. 颈部侧面外轮廓线的曲线需要保留，注意保持中心线长度不变，进行整理。

41. 检查和整理基本完成。

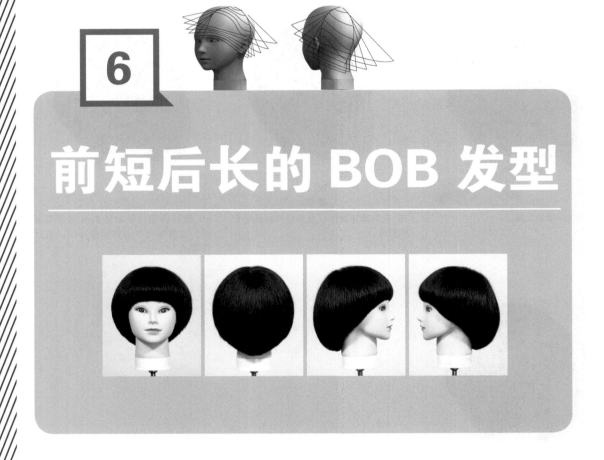

6

前短后长的 BOB 发型

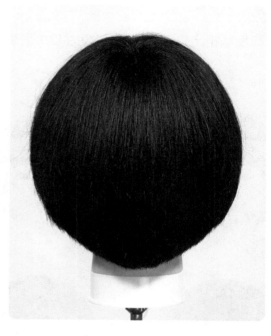

技术的关键点

形成带有自然曲线效果的外轮廓线，才能创造出前短后长的发型和前高后低的重心效果，这些都需要用偏移处理来控制。即使是相同的发片，由于发片提拉角度的变化、切口位置和幅度的不同，也会形成不同的效果。因此，与头部的弧度相吻合进行发片的操作是很重要的。

保证发型完成度的关键点

与目标发型相比较，对可能在剪发过程中发生的错误进行检查。

✅	❌

检查 1

侧面的外轮廓线过于向外弯曲膨胀。

检查 2

侧面与后面相衔接的外轮廓线不平滑。

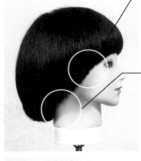

检查 3

颈部区域下侧的重心过于重复。

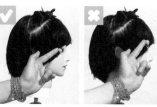

侧面的头发如果过多地向前产生偏移的话，外轮廓线就会弯曲变长。

由于中心线附近发片没有提拉至 75 度，切口幅度也有所不同，导致下侧层次重叠。

前面

左侧面

右侧面

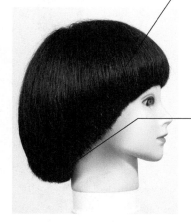

判定 1

外轮廓线变长，向外弯曲，致使侧面不够平整。

判定 2

侧后方的发片弱化了偏移的角度，导致外轮廓线变短，出现了凹陷的情况。

背面

判定 3

中心线附近的发片提拉角度过小，下侧重心就会下降。

侧后方的发片由于没有形成偏移或偏移过少，出现了凹陷的部分。

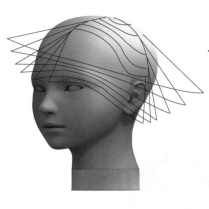
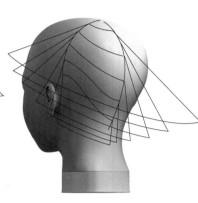
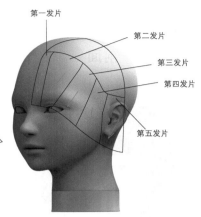

第一发片
第二发片
第三发片
第四发片
第五发片

示意图 A

1. 依照示意图 A，前额发际线向后约 2cm 的区域为刘海区域，将刘海区域分为五个发片，以眼睛上侧位置的水平高度为基准。

2. 将中心点到发际顶点的第一发片以 0 度提拉出来，进行平行无偏移的剪发。

3. 取发际顶点到侧部基准点位置的第二发片，0 度提拉并向中心线方向偏移，进行剪发。

4. 取侧部基准点到侧部点的第三发片，0 度提拉并向前偏移后进行剪发。向后推进时，要慢慢地减弱偏移效果。

5. 修剪至鬓角点的第四发片时，不要产生偏移，进行剪发。

6. 鬓角点到耳点的第五发片，向前偏移后进行剪发。

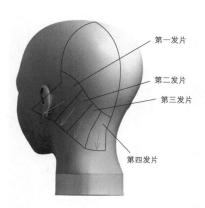

示意图 B

第一发片
第二发片
第三发片
第四发片

7. 依照示意图 B，将刘海区域的分区线向后延长至中心线的位置，分为四个发片。取第一发片，0 度提拉并向前大幅度偏移后进行剪发。

8. 同样采用 0 度提拉并向前偏移后进行剪发的方式修剪第二发片和第三发片，但偏移效果要慢慢减弱。

9. 修剪到中心线附近的第四发片时，不要产生偏移，剪成前高后低的倾斜外轮廓线。

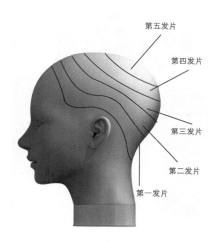

示意图 C

第五发片
第四发片
第三发片
第二发片
第一发片

10. 根据示意图 C 将剩余的头发分五个发片，取宽度为 2cm 的第一发片中心点，向上提拉 15 度（1 指距离）修剪，发线与刘海区域相吻合。

11. 将发际顶点到侧部点的发片向上提拉 15 度（1 指距离）并向中心线方向偏移，进行剪发。

12. 从侧部点到鬓角点位置，向后推进时要慢慢地减弱偏移效果。到了鬓角点以后，就不用偏移处理了。

13. 从鬓角点到耳点位置，再次向前偏移，进行剪发。

14. 从耳点向后，继续保持向前偏移的效果进行剪发。

15. 将向上提拉角度保持在 15 度（1 指距离），一直修剪至中心线位置，偏移的效果逐渐减弱。

16. 到中心线附近不产生偏移。

17. 在中心线附近，将发片向上提拉 15 度（1 指距离），无偏移地剪成前高后低的倾斜外轮廓线。

18. 到目前为止，第一发片已经剪好的样子。

19. 取宽度为 2cm 第二发片，在中心点的位置，向上提拉 30 度（2 指距离）修剪。为了不对刘海的外轮廓线造成影响，不偏移地进行剪发。

20. 对从发际顶点到前侧点的发片，稍稍向前形成偏移，进行剪发。

21. 对从前侧点到侧部基准点的发片也同样，稍稍向前偏移处理后进行剪发。

22. 对从侧部基准点到侧部点的发片也同样，稍稍向前偏移处理后进行剪发。

23. 从侧部点到鬓角点的发片偏移减弱，到鬓角点处不进行偏移处理。

24. 从鬓角点到耳点位置，再次向前偏移，进行剪发。

25. 从耳点向后，继续保持向前偏移的效果进行剪发，偏移的幅度要逐渐减小。

26. 到中心线附近不产生偏移，只向上提拉30度（2指距离），剪成前高后低的倾斜外轮廓线。

27. 取宽度为2cm第三发片，在中心点的位置向上提拉45度（3指距离）进行修剪。

28. 从发际顶点到前侧点的发片，稍稍向前形成偏移以后进行剪发。

29. 从侧部基准点到鬓角点的发片，偏移减弱，到鬓角点处不进行偏移处理。

30. 从鬓角点到耳点位置，同样不进行偏移处理。

31. 从耳点向后，再次向前偏移后进行剪发。

32. 到颈侧点附近时，偏移的效果要逐渐减弱。

33. 到中心线附近不产生偏移，只向上提拉45度（3指距离），剪成前高后低的倾斜外轮廓线。

34. 取第四发片，依照头发自然下垂的方向和位置进行梳理。

35. 将第四发片向上提拉60度（4指距离），不偏移地进行修剪。

36. 就这样继续向后推进剪发。

37. 对第四发片都是同样的，向上提拉60度（4指距离），不偏移地进行修剪。

38. 对于中心线附近的发片，也是向上提拉30度（2指距离），不偏移地进行修剪。

39. 取第五发片，向上提拉75度（5指距离），不偏移地进行修剪。

40. 就这样继续向后推进剪发。

41. 对于中心线附近的发片，也是向上提拉 75 度（5 指距离），不偏移地进行修剪。

42. 取侧中线前侧中心线附近的发片，向上垂直提拉出来。

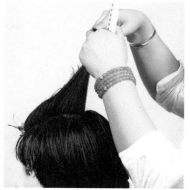

43. 对发片进行平行于地板的修剪，取得层次角度。

44. 吹干以后，整理外轮廓线。

步骤 44 结束之后的四面视图。之后，用吹风机进行吹发，整理外轮廓线和细节。

第2章

创新发型

开始学习之前，要对本书中使用的专业术语和设计手法等基础知识进行掌握。

　　第1章的内容以横向发片和与横向发片相似的斜向发片为主，通过控制提拉角度来设计经典发型的层次厚度；本章则在此基础上，加入了有根据头发的长短来设计层次形状的剪发技术，针对更富有创新效果的发型进行讲解。

1

相同切口幅度短发

2

相同切口幅度中长发

3

低切口幅度中长发

4

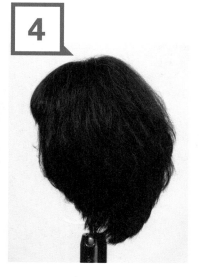

圆形层次发型

5

三角形层次发型

6

方形层次发型

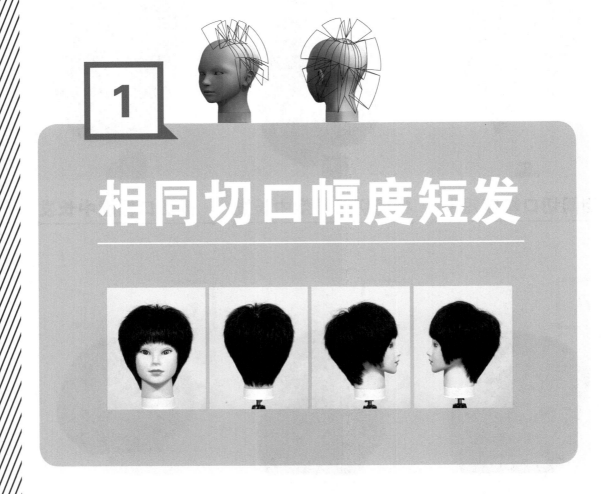

1

相同切口幅度短发

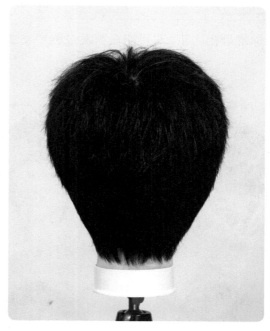

技术的关键点

有意识地根据头部的弧度和发际线的形状，在正确的位置、以正确的角度将发片提拉出来，进行相同切口幅度的剪发。这是该发型的基本技术要点。

在理解骨骼形状和头部弧度的基础上，提高控制发片提拉角度和切口幅度的能力。

保证发型完成度的关键点

与目标发型相比较，对可能在剪发过程中发生的错误进行检查。

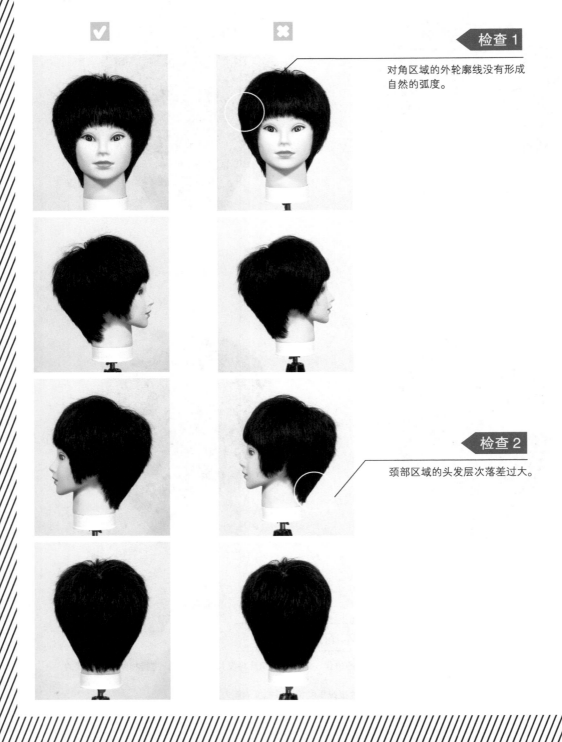

检查1

对角区域的外轮廓线没有形成自然的弧度。

检查2

颈部区域的头发层次落差过大。

错误的造型

由于中心线附近发片没有提拉至 75 度，切口幅度也有所不同，导致下侧层次重叠。

前面

判定 1

没有形成与头部弧度吻合的相同切口幅度的外轮廓线。

背面

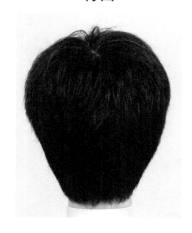

左侧面

判定 2

颈部区域带有层次厚度落差过大的外轮廓线形状。

右侧面

对颈部区域的发片进行修剪时，要与头部弧度相吻合。由于垂直提拉出来后，没有剪成相同切口幅度，切口的层次感过于强烈。

相同切口幅度短发剪发流程

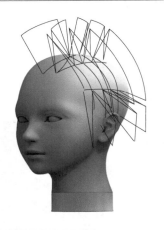 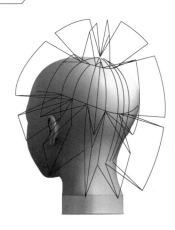

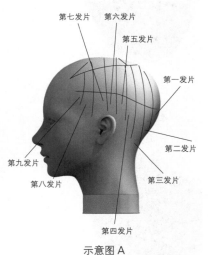

第七发片　第六发片
第五发片
第一发片
第二发片
第三发片
第九发片
第八发片
第四发片

示意图 A

1. 根据示意图 A，上下区域线将头发分成上下两部分，下侧区域左侧再分为九个纵向发片。

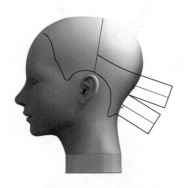

2. 对较长的纵向发片进行修剪时，一般都分成上下两个部分，因为要垂直于头皮提拉，发片太长会使上下两侧提拉角度产生偏差。

3. 在中心线附近取 2cm 宽度的纵向第一发片，先修剪下半部分，垂直于头皮提拉后，剪成相同切口幅度。

4. 再修剪第一发片的上半部分，同样垂直于头皮提拉后，剪成相同切口幅度。但由于头部弧度的影响，感觉比下半部分提拉角度要大。

5. 取第二发片，以第一发片为基准，修剪下半部分和上半部分。

6. 以同样的方式修剪第三发片的下半部分和上半部分。

7. 以同样方式修剪第四发片的下半部分。由于这部分的骨骼具有向后的弯曲弧度，所以垂直于头皮提拉时会感觉向后倾斜。

8. 以同样方式修剪第四发片的上半部分。

9. 修剪侧中线附近的第五发片。此处发片开始变短，可以根据实际情况，不再分为上下部分，而是进行统一的修剪。

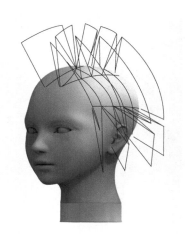

10. 对第六发片也是垂直于头皮提拉后，进行相同切口幅度的修剪。

11. 对旁边的第七发片也进行同样的剪发操作。

12. 修剪第八发片。该发片逐渐变为斜向发片，在修剪时要注意提拉角度和方向。

13. 对最终的第九发片，以第八发片为基准向前提拉，进行剪发。

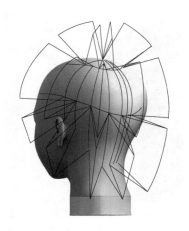

14. 对中心线对应的另一侧也进行同样的修剪，这样下侧区域就修剪完成了。

15. 以发际顶点到黄金点的连接线，形成马蹄状的区域。

16. 分出马蹄区域后的侧面视图。接下来，进行马蹄区域下侧的对角区域的修剪。

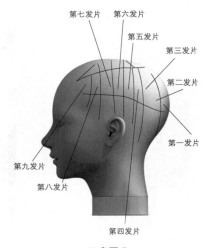

第七发片　第六发片

第五发片

第三发片

第二发片

第一发片

第九发片

第八发片

第四发片

示意图 B

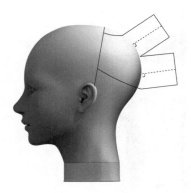

17. 依据示意图 B 将对角区域分为九个发片。对角区域也和下侧区域同样，将每个发片分成上下两部分。这样有利于与头部的弧度相吻合，垂直于头皮进行提拉。

18. 在中心线附近取纵向第一发片。先修剪下半部分，以下侧区域的头发长度为基准，垂直于头皮提拉后，剪成相同切口幅度。

19. 修剪第一发片的上半部分，同样垂直于头皮提拉后，剪成相同切口幅度。

20. 从第二发片开始，先修剪发片的上半部分，再修剪下半部分。

21. 对第三发片也采用与第二发片同样的顺序进行剪发。

22. 对第四发片也是先修剪上半部分。

23. 然后修剪第四发片的下半部分。

24. 对侧中线附近的第五发片，需要稍微向后偏移再进行剪发。

25. 对第六发片，以第五发片为基准，也稍微向后偏移再进行剪发。

26. 继续修剪第六发片的下半部分。

27. 对第七发片则垂直于头皮提拉后进行修剪。

28. 从第八发片开始，逐渐变为斜向发片。

29. 将第八发片提拉时，要有意识地向前偏移，再进行修剪。

30. 第九发片位置的骨骼本身就是斜向向前的，因此只需垂直提拉第九发片进行剪发即可。

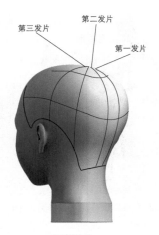

第三发片
第二发片
第一发片

示意图 C

31. 根据示意图 C 将侧中线后侧的马蹄区域分为三个发片，取中心线附近的第一发片。

32. 将第一发片以对角区域的头发长度为基准，垂直于头皮提拉后，剪成相同切口幅度。

33. 以同样的方式修剪第二发片。

34. 以同样的方式修剪第三发片。

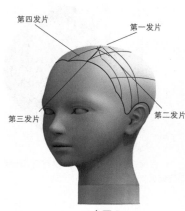

第四发片
第一发片
第三发片
第二发片

示意图 D

35. 根据示意图 D 将侧中线前侧的马蹄区域分为四个发片。将第一发片垂直于头皮提拉后，剪成相同切口幅度。

36. 修剪第二发片。由于这一部分的骨骼向前倾斜，所以发片垂直提拉时，看起来会有向前倾斜的效果。

37. 取斜向的第三发片和第四发片。

38. 分别将第三发片和第四发片垂直于头皮提拉后，剪成相同切口幅度。

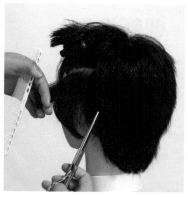

39. 对侧边区域和中间区域，分两次进行削发打薄修剪。

步骤 38 结束之后的四面视图。之后，用吹风机进行吹发，整理外轮廓线并削发打薄。

40. 对于对角区域也分两次进行削发打薄的整理。

41. 对颈部区域也进行削发打薄的修剪整理。

42. 最后，对全部头发都进行削发打薄的融合处理，使头发各部分之间更为协调。

扫一扫看视频

2

相同切口幅度中长发

技术的关键点

将纵向发片、横向发片和斜向发片的外轮廓线有控制地进行相互连接，是完成该发型的主要技术点。同时要注意，前面的刘海不容易维持外形的稳定，在修剪时要加以偏移处理，以保证其不走形。

保证发型完成度的关键点

与目标发型相比较，对可能在剪发过程中发生的错误进行检查。

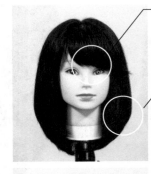

检查1

从正面看发型效果时，左侧刘海的发片外延超过了外轮廓线。

检查2

左侧脸颊处头发的外轮廓线产生了重叠。

检查3

下侧区域重心的位置过低。

前面

脸部周围的发片要剪成相同切口幅度。以不相同的幅度形成切口以后，给人以重复的印象。

判定 1

从正面检查，左侧刘海保留的部分过长了。

判定 2

脸部周围的发片切口幅度不相同，造成外轮廓线重复。

右侧面

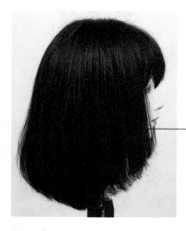

判定 3

发片向上提拉的角度偏低，导致重心区域下降。

左侧面

背面

发片的提拉角度不够，造成修剪后的发片过长，重心的位置向下偏移。

相同切口幅度中长发剪发流程

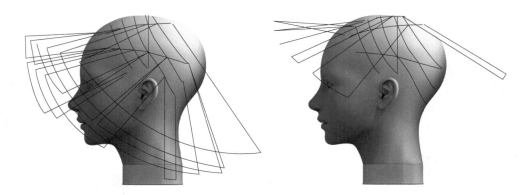

1. 上下区域线将头发分为上下两部分，以锁骨的水平线为基准进行高度和头发长度的确定。

2. 从中心线到侧中线的部分，向上提拉15度（1指距离），剪成前高后低的外轮廓线。

3. 从侧中线到前侧发际线的部分，同样向上提拉15度（1指距离），剪成前高后低的外轮廓线。

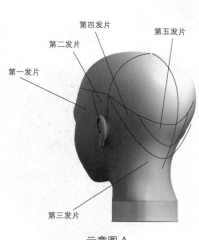

第四发片
第五发片
第二发片
第一发片
第三发片

示意图A

4. 依据示意图A将下侧区域左侧的头发分为五个发片，取宽度为2cm的第一发片，相对于头皮垂直提拉，剪成相同切口幅度的层次。

5. 取斜向的第二发片，向上提拉75度（5指距离），剪成相同切口幅度的层次。

6. 取第三发片，向前进行偏移后，向上提拉 60 度（4 指距离），以相同切口幅度的层次剪 3~4cm 的长度。

7. 取第四发片，自前向后进行剪发。前侧部分向前进行偏移后，向上提拉 45 度（3 指距离）进行修剪。

8. 让中间部分偏移效果逐渐减弱，提拉角度也有所下降，继续进行剪发。

9. 让中心线附近偏移效果降至最低，向上提拉 15 度（1 指距离）进行修剪。

10. 对最终的第五发片，自前向后进行剪发。前侧部分向前进行偏移后，向上提拉 45 度（3 指距离）进行修剪。

11. 在中心线附近不要产生偏移，向上提拉 30 度（2 指距离）进行修剪。

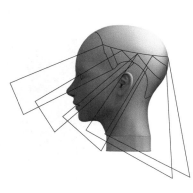

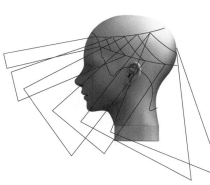

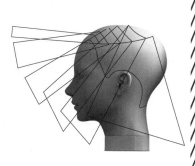

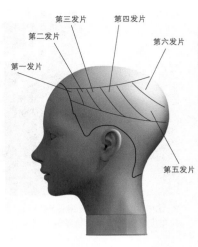

第一发片　第二发片　第三发片　第四发片　第六发片

第五发片

示意图 B

12. 根据示意图 B，划分马蹄区域，将下侧对角区域分为六个发片。取宽度为 2cm 的第一发片，平行于地板进行提拉，并剪成相同切口幅度的层次。

13. 取斜向的第二发片，向上提拉 75 度（5 指距离），剪成相同切口幅度的层次。

14. 取斜向的第三发片，向上提拉 60 度（4 指距离），剪成相同切口幅度的层次。

15. 自上而下修剪第三发片。

16. 取第四发片，向前偏移后向上提拉 45 度（3 指距离），剪成相同切口幅度的层次。

17. 取第五发片，向前偏移程度自前向后逐渐减小，向上提拉 45 度（3 指距离），剪成相同切口幅度的层次。

18. 修剪至第五发片的中心线附近时不产生偏移，向上提拉 30 度（2 指距离），剪成相同切口幅度的层次。

19. 将第六发片向上提拉 45 度（3 指距离），剪成相同切口幅度的层次。自前向后偏移程度逐渐减小，到中心线附近无偏移。

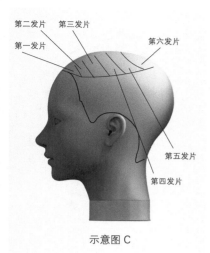

第二发片　第三发片

第一发片

第六发片

第五发片

第四发片

示意图 C

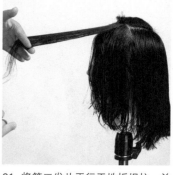

20. 根据示意图 C，将马蹄区域左侧分为六个发片。取宽度为 2cm 的第一发片，向上提拉 105 度（比与地板平行的位置高出 1 指距离），剪成相同切口幅度的层次。

21. 将第二发片平行于地板提拉，并剪成相同切口幅度的层次。

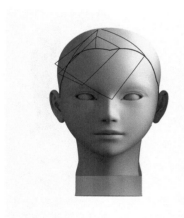

22. 取第三发片，向上提拉 75 度（5 指距离），剪成相同切口幅度的层次。

23. 取第四发片，向上提拉 60 度（4 指距离），剪成相同切口幅度的层次。

24. 取第五发片，远离中心线一侧向上提拉 60 度（4 指距离），至中心线时下降至 45 度（3 指距离）进行修剪。

25. 取第六发片，向上提拉 60 度（4 指距离），剪成相同切口幅度的层次。

26. 从中心点到顶点，沿中心线取宽度为 4cm 的发片，垂直于顶点位置的头皮弧度向上提拉并修剪。

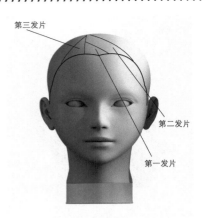

第三发片

第二发片

第一发片

27. 发片从侧面看到的效果。顶点位置垂直于头皮，中心点位置则与头皮形成 45~60 度的角。

28. 从顶点到黄金点，继续沿中心线取宽度为 4cm 的发片，垂直于顶点位置的头皮弧度向上提拉后修剪。

示意图 D

29. 根据示意图 D，以侧中线上左 6 右 4 的点为起点，连接两侧的侧部点，得到刘海区域并分为呈放射状的三个发片。

30. 刘海区域头发长度以黑眼球的水平高度为准。

31. 取第一发片，向左侧偏移并平行于地板进行提拉。自左向右进行剪发的过程中，偏移也逐渐减弱。

32. 取第二发片，平行于地板进行提拉。自右向左进行剪发的过程中，提拉角度也逐渐下降。

33. 剪至左侧发际线位置时，提拉角度降至 45 度（3 指距离）。

34. 取第三发片，以第一发片和第二发片为基准，平行于地板提拉并进行剪发。

35. 在顶点处取宽度为 4cm 的横向发片，垂直于地板提拉至右前侧，修剪掉长度为 2cm 的发梢。

36. 顶点发片已经剪好的样子。

流程 36 结束之后的四面视图。之后，用吹风机进行吹发并削发打薄。

37. 对从侧部点到鬓角点部分，从头发的中间位置开始削发打薄。

38. 对耳朵上侧的部分，从距离发梢 1/3 处开始进行削发打薄。

39. 对于对角区域前侧部分，从距离发梢 2/3 处开始，进行削发打薄处理。

40. 对下侧区域侧中线后侧，从头发的中间位置开始进行削发打薄。

41. 对下侧区域中心线附近，从距离发梢 1/3 处开始进行削发打薄。

42. 对下侧区域侧中线前侧，从头发的中间位置开始进行削发打薄。

43. 对于对角区域后侧部分，从头发的中间位置开始削发打薄。

44. 对于刘海区域，从头发的中间位置开始，分 3 次进行削发打薄处理。

3

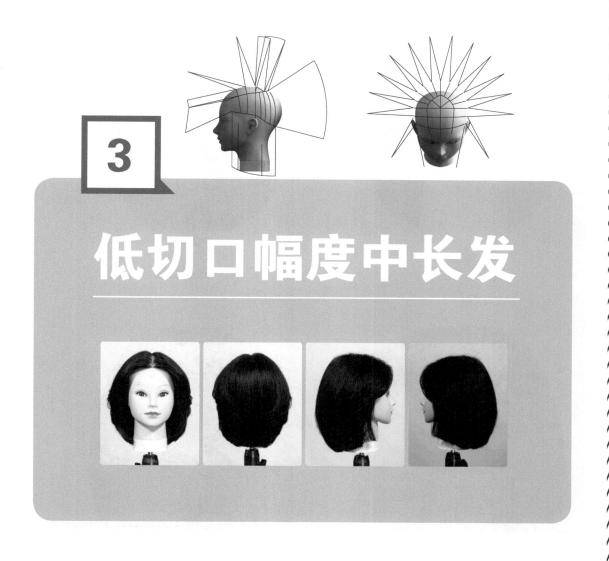

低切口幅度中长发

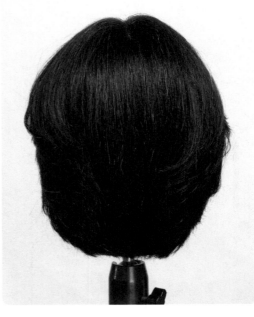
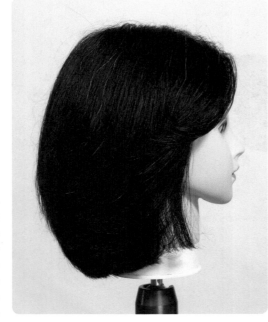

技术的关键点

一边保留外轮廓线的厚度，另一边从顶点开始向后侧区域进行带有层次厚度的修剪。从脸颊周围的发际线开始到侧中线的位置，有意识地根据头部的弧度进行偏移处理，以此形成头发的外轮廓线走向。

保证发型完成度的关键点

与目标发型相比较，对可能在剪发过程中发生的错误进行检查。

检查 1

侧面的外轮廓线出现了重叠。

检查 2

侧面头发的走向过于偏下。

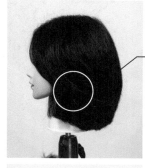

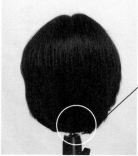

检查 3

颈部区域下方的外轮廓线
没有向中心归拢。

进行长度设定时，前面头发的长度设定有错误。

将左右两边的头发提拉出来进行比较，就可以知道哪边偏长了。

前面

判定 1

外轮廓线重叠时想到的第一个原因就是长度设定的错误，侧部基准点位置的头发偏长就会形成重叠。

右侧面

左侧面

判定 2

判定 1 中长度的设定错误，导致侧面头发的走向偏下。

背面

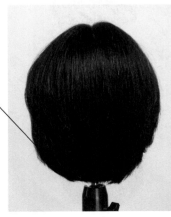

判定 3

由于最终对剪发效果的检查过于简单粗糙，导致颈部区域下方的外轮廓线没有向中心归拢。

低切口幅度中长发剪发流程

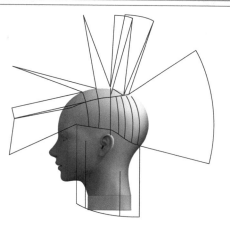
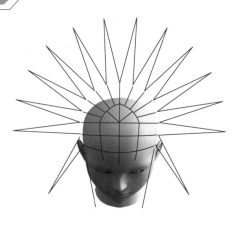

1. 上下区域线将头发分为上下两部分，侧中线将头发分为左右两部分。

2. 以假发模特的底座高度为基准，用梳子确定高度后开始剪发。

3. 使头发保持自然下垂的状态进行剪发，自后向前至鬓角点位置。鬓角点位置比中心线位置头发高约1cm，形成前高后低的外轮廓线。

4. 继续保持前高后低的形状进行修剪，修剪至最前侧的发际线时，位置比鬓角点高约1cm。

5. 下侧区域的左侧已经剪好的状态。

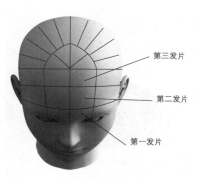

第三发片

第二发片

第一发片

示意图 A

6. 根据示意图 A，从发际顶点到黄金点的连接线，形成马蹄区域，并将侧中线前侧的马蹄区域分为三个发片。

7. 以上唇的水平线位置为基准设定第一发片的高度。

8. 将第一发片向上提拉 15 度（1 指距离），以低切口幅度进行修剪。

9. 将第二发片向上提拉 45 度（3 指距离），以低切口幅度进行修剪。

10. 将第二发片向上提拉 90 度，以低切口幅度进行修剪。

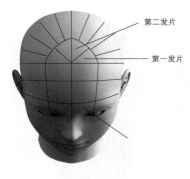

示意图 B

11. 根据示意图 B 将侧中线后侧的马蹄区域分为两个放射状的发片。将第一发片垂直于头皮向上提拉，进行相同切口幅度的修剪。

12. 对剩下的第二发片也进行同样的剪发处理。

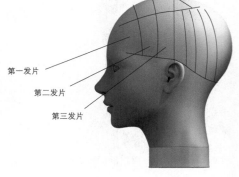

示意图 C

13. 接下来修剪对角区域的头发，首先确定两侧发片的长度，以保证修剪后的头发相互对称。

14. 将中心线前侧的对角区域分为三个发片。将第一发片向前上方提拉 45 度（3 指距离），以低切口幅度进行修剪。

15. 将第二发片向前上方提拉 60 度（4 指距离），以低切口幅度进行修剪。

16. 将第三发片垂直于头皮向上提拉，以低切口幅度进行修剪。

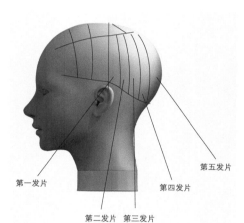

示意图 D

第一发片
第二发片 第三发片
第四发片
第五发片

17. 将中心线后侧的对角区域分为五个发片。将第一发片向后上方提拉 30 度（2 指距离），以低切口幅度进行修剪。

18. 将第二发片向后上方提拉 45 度（3 指距离），以低切口幅度进行修剪。

19. 将第三发片分为上下两部分进行修剪，将上半部分向后上方提拉 45 度（3 指距离），以低切口幅度进行修剪。

20. 将第三发片的下半部分向后上方提拉 30 度（2 指距离），以低切口幅度进行修剪。

21. 将第四发片上半部分垂直于头皮向上提拉，以低切口幅度进行修剪。

22. 将第四发片的下半部分垂直于头皮向上提拉，以低切口幅度进行修剪。

23. 同样将第五发片的上半部分和下半部分垂直于头皮向上提拉，以低切口幅度进行修剪。

24. 基本剪发结束以后进行吹干，对发梢进行削发打薄修剪，并使模特头部前倾，整理颈部区域下侧的外轮廓线。

步骤 23 结束之后的四面视图。之后，用吹风机进行吹发并削发打薄，再对外轮廓线进行整理。

4

圆形层次发型

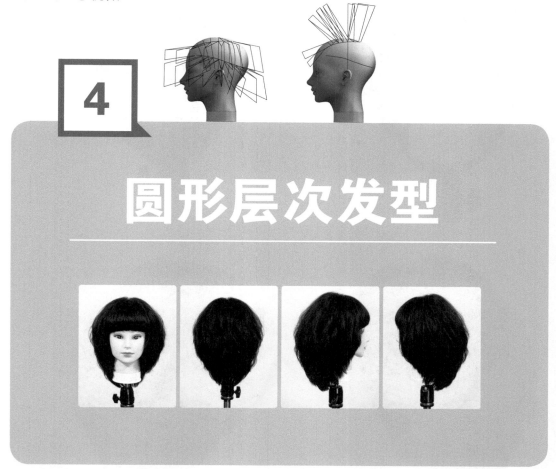

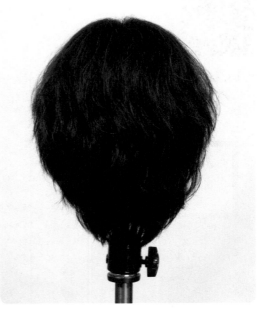
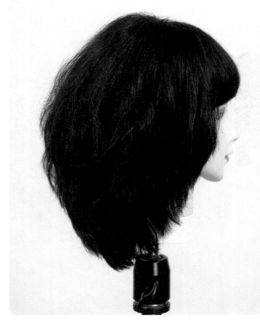
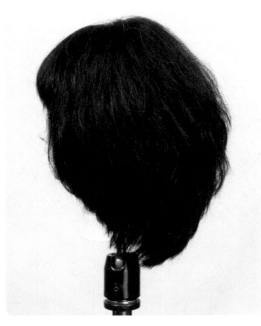

技术的关键点

利用纵向发片的切口幅度创造出层次厚度较为简单的发型。
利用发片的切口幅度控制整体发型的外形轮廓和重心区，通过发片的偏移来调整外轮廓线，是该发型技术的主要特点。

保证发型完成度的关键点

与目标发型相比较，对可能在剪发过程中发生的错误进行检查。

✅   ❌

检查 1

重心区的位置偏低，且过渡急促。

检查 2

侧中线附近的外轮廓线产生了断层。

错误的造型

这里在修剪发片时，要求形成较低的切口幅度。失败的原因就是采用了相同切口幅度，导致重心区的位置过低。

前面

判定 1

侧面采用了与整体不同的发片切口幅度。

右侧面

左侧面

判定 2

对侧中线附近发片使用的偏移处理方法不同。

背面

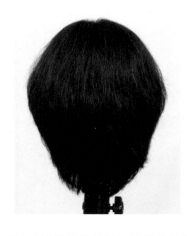

对侧中线附近的发片，需要向前进行偏移后再剪发。失败则是由于没有向前偏移，导致头发修剪后长度不均匀，产生了断层。

圆形层次发型剪发流程

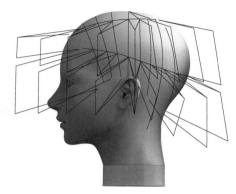
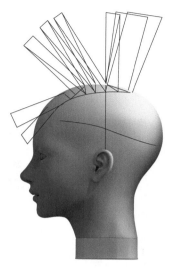

1. 中心线将头发分为左右两部分，上下区域线将头发分为上下两部分。

2. 修剪下侧区域，以中心线上与锁骨平行的高度为基准，自后向前剪成前高后低的环状外轮廓线。

3. 从侧中线到前侧的发际线处，也剪成前高后低的环状外轮廓线。

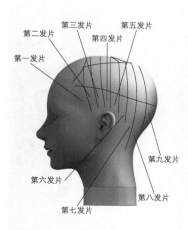

第一发片
第二发片
第三发片
第四发片
第五发片
第六发片
第七发片
第八发片
第九发片

示意图 A

4. 根据示意图 A 将下侧区域左侧划分为九个发片，取第一发片设定长度，首先用手标记鼻头到下颌的长度。

5. 从下颌向下一个鼻头的长度为修剪头发的高度基准。

6. 在第一发片，对已经设定好的长度进行检查。

7. 以标记的长度为修剪长度，将第一发片平行于地板向上提拉，以低切口幅度进行修剪。

8. 将第二发片平行于地板向上提拉后，再向第一发片的头皮位置进行偏移，以低切口幅度进行修剪。

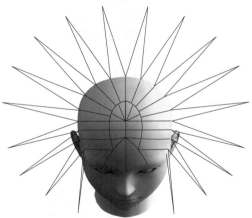

9. 将第三发片平行于地板向上提拉后，再向第二发片的头皮位置进行偏移。

10. 以低切口幅度修剪第三发片。

11. 将第四发片平行于地板向上提拉后，再向第三发片的头皮位置进行偏移，以低切口幅度进行修剪。

12. 将第四发片剪好以后，侧中线后侧的发片无需再进行偏移，要与后侧其他发片的外轮廓线相衔接。

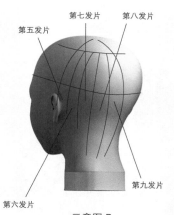

第五发片　第七发片　第八发片

第六发片　第九发片

示意图 B

13. 根据示意图 B，第五发片以第四发片的长度为基准，垂直于头皮向上提拉，以低切口幅度进行修剪。

14. 第六发片以第五发片的长度为基准，垂直于头皮向上提拉，以低切口幅度进行修剪。

15. 第七发片和第八发片都是以前一发片的长度为基准，垂直于头皮向上提拉，以低切口幅度进行修剪。

16. 中心线附近最后的第九发片，以第八发片的长度为基准，垂直于头皮向上提拉，以低切口幅度进行修剪。

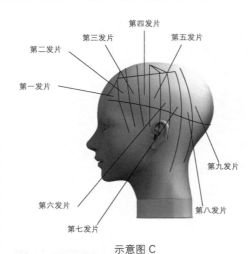

第四发片
第三发片
第五发片
第二发片
第一发片
第九发片
第六发片
第八发片
第七发片

示意图 C

17. 根据示意图 C，将上侧区域左侧划分为九个发片，将第一发片平行于地板向上提拉，以低切口幅度进行修剪。

18. 将第二发片平行于地板向上提拉后，再向第一发片的头皮位置进行偏移，以低切口幅度进行修剪。

19. 将第三发片平行于地板向上提拉后，再向第二发片的头皮位置进行偏移，以低切口幅度进行修剪。

20. 将第四发片平行于地板向上提拉后，再向第三发片的头皮位置进行偏移，以低切口幅度进行修剪。

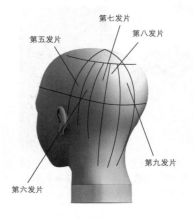

第五发片
第七发片
第八发片
第九发片
第六发片

示意图 D

21. 根据示意图 D，侧中线后侧的第五发片以第四发片的长度为基准，垂直于头皮向上提拉，以低切口幅度进行修剪。

22. 第六发片到第九发片都是以前一发片的长度为基准，垂直于头皮向上提拉，以低切口幅度进行修剪。

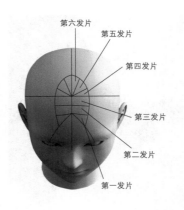

第六发片
第五发片
第四发片
第三发片
第二发片
第一发片

示意图 E

23. 根据示意图 E，将顶点区域分为六个发片。将第一发片稍稍向前提拉后，剪成较低切口幅度。

24. 第二发片也稍稍向前提拉，向第一发片略微偏移以后进行剪发。

25. 第三发片也是向第二发片略微偏移以后进行剪发。

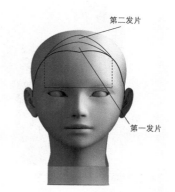

第二发片

第一发片

26. 对侧中线后侧的第四发片和第五发片，都是垂直于头皮向上提拉，以低切口幅度进行修剪。

27. 对最终的第六发片也是垂直于头皮向上提拉，以低切口幅度进行修剪。

示意图 F

28. 根据示意图 F，以中心点向后 6cm 的点为起点，连接两侧的侧部点，形成三角形的刘海区域，并分为前后两个发片。

29. 取第一发片，设定其高度为眉毛与上眼睑的中间位置。

30. 对第一发片进行 0 度提拉，平行修剪。

31. 就这样保持 0 度提拉和平行方向，继续进行修剪。

32. 取第二发片，向上提拉 15 度（1 指距离），以第一发片的长度为基准进行剪发。

33. 刘海区域的头发已经剪好的样子。

34. 在刘海区域外侧取宽度为 1cm 的发片。

35. 以刘海区域的头发长度为基准，向上提拉 15 度（1 指距离）后修剪。这样就完成了整个发型的基本修剪。

36. 对侧部点附近的头发，从头发的中间位置开始削发打薄，形成卷曲的外轮廓线。

37. 对鬓角点附近的头发，从头发的中间位置开始削发打薄，形成卷曲的外轮廓线。颈部区域则不需要削发打薄。

38. 对角区域靠近刘海的一侧，从距离发梢 2/3 的位置开始削发打薄，形成卷曲的外轮廓线。

39. 顶点区域靠近刘海的一侧，从头发的中间位置开始削发打薄，形成卷曲的外轮廓线。

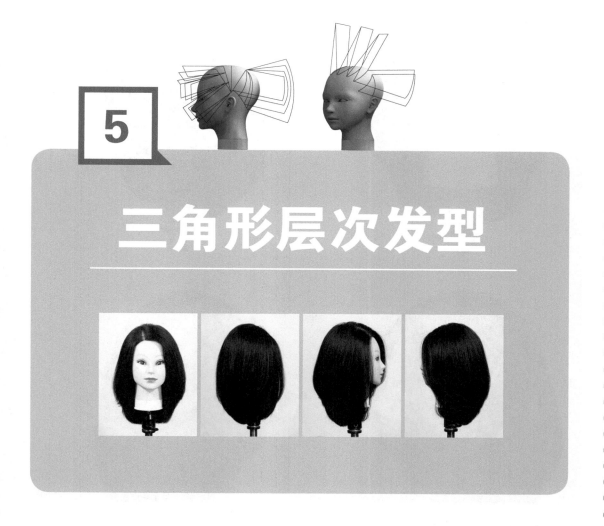

5

三角形层次发型

·····································

技术的关键点

脸颊两侧头发的底部和后侧的重心区位置基本处于同一水平线上。从前额发际线到侧中线是由纵向发片逐渐变化为斜向发片，而从后侧的中心线到侧中线也是由纵向发片逐渐变化为斜向发片，修剪时要加以注意。

虽然从正面看起来，两侧的头发走向几乎是相同的，但外轮廓线却在发生变化。

保证发型完成度的关键点

与目标发型相比较，对可能在剪发过程中发生的错误进行检查。

✔	✖

检查 1

两侧的外轮廓线过长，重心区不明显。

检查 2

后侧的重心区位置有所下降。

前面

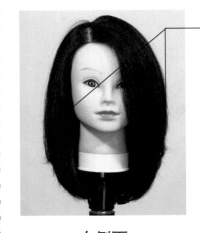

判定 1

使用不同切口幅度的位置过早，
使两侧头发变长。

应该从侧中线位置开始使用不同切
口幅度。失败的原因是在前侧的第
一发片就使用不同切口幅度，造成
头发的长度较长。

右侧面

判定 2

左侧面

 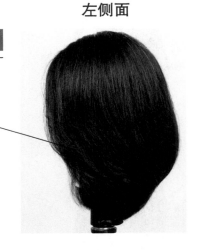

后侧中心线附近的头发设定
的长度发生错误。

背面

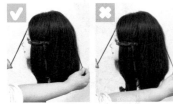

失败的原因是后侧头发在黄金点设定
长度基准时就发生了错误，设得过长。

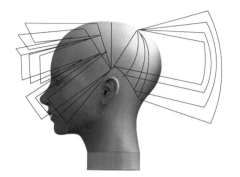
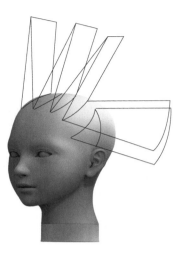

1. 侧中线将头发分为前后两部分。首先修剪后侧区域，取颈部区域发片，高度与锁骨位置平行，即从颈侧点向下约16.5cm的位置为基准。

2. 自下而上以设定的高度将侧中线后侧的颈部区域、中间区域、对角区域和顶点区域的头发全部剪出平行的外轮廓线。

3. 修剪侧中线前侧区域，以侧部点的延长线划分上下发片，以后侧区域的头发长度为基准进行平行修剪。

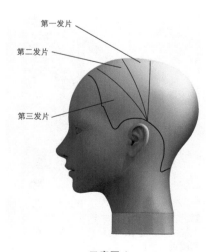

4. 上侧发片也是以后侧区域的头发长度为基准，进行平行修剪。

5. 全部头发的基本外轮廓线修剪结束。

第一发片

第二发片

第三发片

示意图 A

6. 左 7 右 3，将侧中线前侧头发分成左右两部分。根据示意图 A 将发量多的区域分为三个发片，向前提拉第一发片下侧，剪成低切口幅度。

7. 取第一发片的中间部分，以第一发片下侧部分的长度为基准，相对于头皮 0 度角向前提拉，以低切口幅度进行修剪。

8. 取第一发片靠近左 7 右 3 分区线的部分，以第一发片中间部分的长度为基准，相对于头皮 0 度角提拉，以高切口幅度进行修剪。

9. 取第二发片靠近左 7 右 3 分区线的部分，以第一发片的长度为基准，向上提拉 15 度（1 指距离），以高切口幅度进行修剪。

10. 取第二发片的中间部分，以第一发片的长度为基准，向上提拉 15 度（1 指距离），以低切口幅度进行修剪。

11. 取第二发片的下侧部分，以第一发片的长度为基准，向上提拉 15 度（1 指距离），以相同切口幅度进行修剪。

12. 取第三发片靠近左 7 右 3 分区线的部分，以第二发片的长度为基准，向上提拉 15 度（1 指距离），以高切口幅度进行修剪。

13. 取第三发片的中间部分，以第二发片的长度为基准，向上提拉 15 度（1 指距离），以低切口幅度进行修剪。

14. 取第三发片的下侧部分，以第二发片的长度为基准，向上提拉 15 度（1 指距离），以相同切口幅度进行修剪。

15. 发量多的一侧区域已经剪好了。

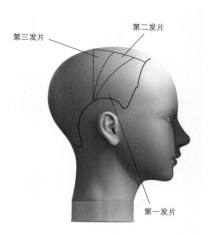

示意图 A

第三发片　第二发片　第一发片

16. 根据示意图 B，将发量少的区域分为三个发片，将第一发片下侧部分相对于头皮 0 度角向前提拉，以相同切口幅度进行修剪。

17. 取第一发片靠近左 7 右 3 分区线的部分，以第一发片下侧部分的长度为基准，相对于头皮 0 度角提拉，以低切口幅度进行修剪。

18. 额头发际线周围的头发自然下落时，发量少的一侧区域头发较短。

19. 取第二发片靠近左 7 右 3 分区线的部分，向上提拉 15 度（1 指距离），剪成低切口幅度；取第二发片下侧部分，剪成相同幅度切口。

20. 取第三发片靠近左 7 右 3 分区线的部分，以第二发片的长度为基准，向上提拉 15 度（1 指距离），以低切口幅度进行修剪。

21. 取第三发片的下侧部分，以第二发片的长度为基准，向上提拉 15 度（1指距离），以相同切口幅度进行修剪。

22. 发量少的一侧区域剪好的样子。

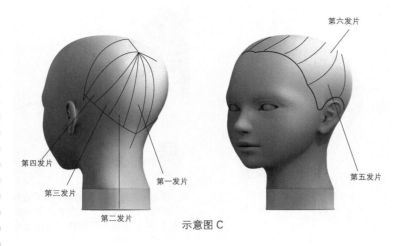

第六发片

第四发片

第三发片

第一发片

第二发片

示意图 C

第五发片

23. 根据示意图 C，黄金点和耳点连线将头发前后分开，后侧区域分四个发片，前侧区域分两个发片。设定下颌向下 4cm 处为高度基准。

24. 取中心线附近宽度为 2cm 的第一发片上侧，垂直于头皮向上提拉，以设定好的长度修剪成相同幅度切口。

25. 对第一发片中间部分也垂直于头皮向上提拉，以设定好的长度修剪成相同幅度切口。

26. 对第一发片下侧同样垂直于头皮向上提拉，以设定好的长度修剪成相同幅度切口。

27. 取斜向第二发片上侧，垂直于头皮向上提拉后，略微向中心线方向偏移，而后以相同切口幅度进行修剪。

28. 对第二发片下侧也是垂直于头皮向上提拉，略微向中心线方向偏移，而后以相同切口幅度进行修剪。

29. 取斜向的第三发片，同样分为上下两侧，分别向中心线方向偏移并修剪成相同幅度切口。

30. 取斜向的第四发片，同样分为上下两侧，分别向中心线方向偏移并修剪成相同幅度切口。

31. 取前侧区域的第五发片，向上提拉至发片下侧与地板平行，同时向中心线方向偏移并修剪成相同幅度切口。

32. 修剪至第五发片的中间和上侧时，偏移程度和提拉角度都要逐渐减小。

33 取前侧区域的第六发片，向上提拉至发片下侧与地板平行，同时向前偏移并修剪成相同幅度切口。

34 修剪至第六发片的中间和上侧时，偏移程度和提拉角度都要逐渐减小。

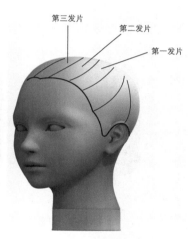

示意图 D

35. 修剪顶点区域。根据示意图 D 将发量多的一侧平均分为三个发片，将第一发片垂直于头皮向上提拉并修剪成相同幅度切口。

36. 第二发片则以第一发片的长度为基准，垂直于头皮向上提拉并修剪成相同幅度切口。

37. 最后的第三发片以第二发片的长度为基准，垂直于头皮向上提拉并修剪成相同幅度切口。

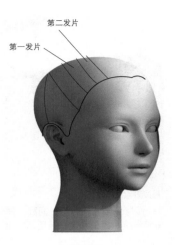

第二发片

第一发片

示意图 E

38. 根据示意图 E 将发量少的一侧平均分为两个发片，将第一发片垂直于头皮向上提拉并修剪成相同幅度切口。

39. 最后的第二发片以第一发片的长度为基准，垂直于头皮向上提拉并修剪成相同幅度切口。

步骤 39 结束之后的四面视图。之后，用吹风机进行吹发并削发打薄。

40. 对角区域靠近刘海的一侧，从距离发梢 2/3 的位置开始削发打薄，剩余的对角区域部分从中间开始削发打薄，颈部区域则不需要削发打薄。

41. 顶点区域整体，从中间开始削发打薄。

42. 刘海区域整体，从距离发梢 2/3 的位置开始削发打薄。

6

方形层次发型

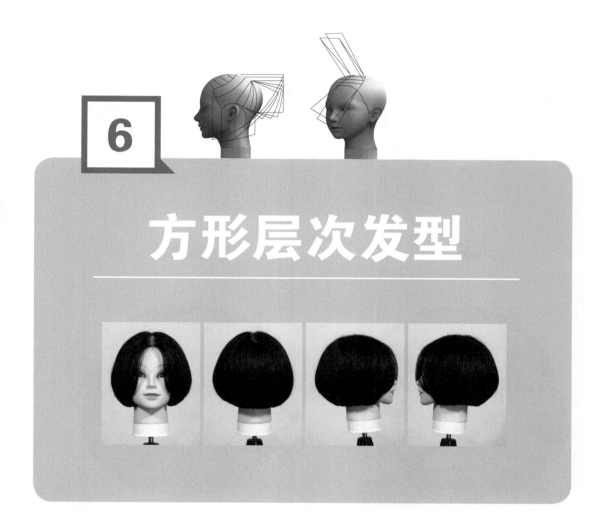

技术的关键点

水平的外轮廓线和与下颌走向相反的脸颊周围外轮廓线保持平衡是该发型的重点。

合理使用偏移技术、控制提拉角度和切口幅度是保留头发厚度的关键点，如何将三者恰当地分配、协调是完成该发型的难点。

保证发型完成度的关键点

与目标发型相比较，对可能在剪发过程中发生的错误进行检查。

检查 1

脸颊两侧的外轮廓线过于膨胀。

检查 2

后侧区域的重心区略微偏下且发量过多。

前面

判定 1

脸颊周围的发片切口幅度发生错误。

脸颊周围的发片应该形成低切口幅度，却变成了高切口幅度。

右侧面

判定 2

后侧区域的发片切口幅度发生错误。

左侧面

背面

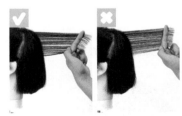

由于是相对于地板平行向上提拉，发片切口应该形成一定幅度。错误的原因就是采用了相同切口幅度，导致重心区下降且过于膨胀。

方形层次发型剪发流程

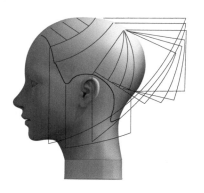
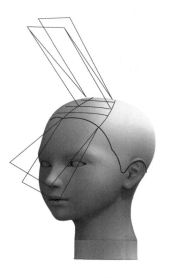

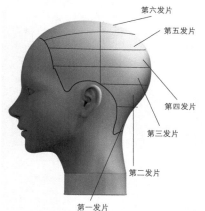

示意图 A

第六发片
第五发片
第四发片
第三发片
第二发片
第一发片

1. 根据示意图 A，用侧中线将头发分为前后两部分。将后侧区域分为六个发片，取第一发片，以下颌水平线为高度基准。

2. 让模特头部稍稍向前倾斜，以设定好的长度对第一发片进行无提拉的平行剪发。

3. 第一发片已经剪好的样子。

4. 取第二发片，以第一发片的长度为基准进行无提拉的平行剪发。

5. 取第三发片，以第二发片的长度为基准进行无提拉的平行剪发。

6. 从第四发片到第六发，都同样地以前一发片长度为基准，进行无提拉的平行剪发。

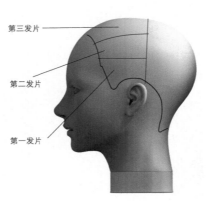

第三发片

第二发片

第一发片

示意图 B

7. 根据示意图 B 将前侧区域的左侧分为三个发片，取第一发片，以下颌向下 1cm 的位置为高度基准，进行前低后高的剪发。

8. 取第二发片，以第一发片的长度为基准进行前低后高的剪发。

9. 取第三发片，以第二发片的长度为基准进行前低后高的剪发。

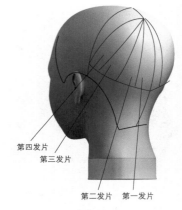

第四发片

第三发片

第二发片　　第一发片

示意图 C

10. 根据示意图 C，用黄金点和耳点的连线将头发前后分开，将后侧区域分为四个发片，取第一发片，向上提拉至平行于地板，进行剪发。

11. 取第二发片上侧，向上提拉至平行于地板，稍稍向中心线方向偏移后再进行剪发。

12. 取第二发片下侧，降低提拉角度并向中心线方向偏移，再进行剪发。

13. 取第三发片上侧，向上提拉至平行于地板，向第二发片的方向偏移后再进行剪发。

14. 取第三发片下侧，降低提拉角度并向第二发片的方向偏移，再进行剪发。

15. 取第四发片上侧，向上提拉至平行于地板，向第三发片的方向偏移后再进行剪发。

16. 取第四发片下侧，降低提拉角度并向第三发片的方向偏移，再进行剪发。

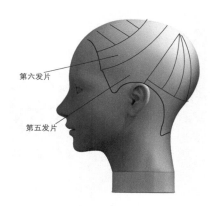

第六发片

第五发片

示意图 D

17. 根据示意图 D，用黄金点和耳点连线将头发前后分开。将前侧区域分为两个发片，取第五发片上侧，向上提拉至平行于地板，进行剪发。

18. 取第五发片中间部分，一边逐渐降低提拉角度，一边进行剪发。

19. 将第五发片中间部分修剪至指根部位时，向上提拉角度降至 15 度（1 指距离）。

20. 对第五发片下侧，保持向上提拉角度为 15 度（1 指距离）进行剪发。

21. 取第六发片上侧，向上提拉至平行于地板，进行剪发。

22. 取第六发片中间部分，一边逐渐降低提拉角度，一边向中心线方向偏移，进行剪发。

23. 将第六发片中间部分修剪至指根部位时，向上提拉角度降至 30 度（2 指距离）。

24. 取第六发片下侧，修剪至指根部位时，向上提拉角度降至 15 度（1指距离），不产生偏移地进行剪发。

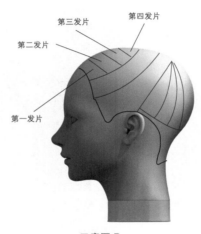

示意图 E

25. 根据示意图 E 将前额区域分为四个发片。取第一发片，向上提拉至平行于地板，以低切口幅度进行修剪。

26. 取第二发片，比第一发片的向上提拉角度高 15 度（1 指距离）进行剪发。

27. 将第三发片垂直于头皮向上提拉，以第二发片的长度为基准进行剪发。

28. 对第四发片也同样，垂直于头皮向上提拉，以第三发片的长度为基准进行剪发。

  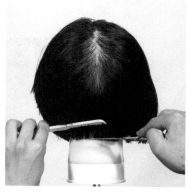

29. 最后，将前额区域的头发全部向上提拉进行修剪，提拉角度为：顶点位置垂直于头皮，中心点位置则与头皮形成 45~60 度的角。

30. 将顶点与黄金点之间的头发垂直于头皮向上提拉进行修剪。

31. 整理颈部区域下侧的外轮廓线，使其保持水平直线的状态。

步骤 31 结束之后的四面视图。之后，用吹风机进行吹发并削发打薄。

32. 对侧中线前的侧边区域进行削发打薄，对靠近额头发际线的部分，从中间开始削发打薄。

33. 对剩下的靠近侧中线的部分，从距离发梢 1/3 处开始削发打薄。

34. 对侧中线附近的后侧部分，也是从中间开始削发打薄。

35. 对头顶区域黄金点附近的部分，从中间开始削发打薄。

36. 对黄金点到顶点的部分，从距离发梢 1/3 处开始削发打薄。

37. 对颈部区域远离中心线的部分，从中间开始削发打薄。

38. 对颈部区域靠近中心线的部分，从距离发梢 1/3 处开始削发打薄。

39. 对中间区域远离中心线的部分，从中间开始削发打薄。

40. 对中间区域靠近中心线的部分，从距离发梢 1/3 处开始削发打薄。

41. 对于对角区域远离中心线的部分，从距离发梢 1/3 处开始削发打薄。

42. 对于对角区域靠近中心线的部分，从中间开始削发打薄。

第3章

设计发型

开始学习之前，要对本书中使用的专业术语和设计手法等基础知识进行掌握。

　　本书的最后一章是设计发型，是结合实际的发型制作，根据不同顾客的要求和造型师个人对发型的建议，进行反复实践后编写的。从本章中讲解的样式来看，设计的构造显而易见，只需画出示意图，按照剪发的流程进行操作即可。

　　由这样简单的设计计划开始，逐步扩展造型的变化，保持操作的速度和良好的再现性，就能使头发造型的质量得到整体上的提高。为了能够成为受欢迎的造型师，现在就开始努力吧！

1

2

3

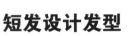
短发设计发型

中长发设计发型

长发设计发型

设计发型的要素都有什么？

头发造型的设计，最初阶段会受到顾客的想法和发型师的意见两方面的影响。
这里从专业的角度对发型设计的步骤和剪发的流程进行解说。

发型设计的步骤

在实际操作中，与顾客沟通讨论、了解了顾客对于发型设计的要求和希望之后，一般都是以接下来的三个步骤来考虑发型的设计。

发型设计的

3个步骤

1. 决定设计的样式

2. 预见设计的构造

3. 考虑剪发的流程

剪发流程的设计

通过与顾客沟通，可以了解顾客自己想要的发型特点，从而确定设计的重点。或者拿出对比照片来让顾客进行各方面的参考，如外形、长度、卷度等。明确了具体的外形之后，就要对设计的构造和剪发的流程仔细思考并加以决定。剪发的流程一般是由六个设计的构成要素组成的，之后我们会具体地分析说明。

决定剪发的流程的

6个构成要素

1. 外轮廓线

2. 剪发线的位置

3. 分片线

4. 外轮廓线和切口幅度

5. 偏移

6. 刘海和脸颊的外轮廓线

1
外轮廓线

决定外轮廓线的长度和角度

首先要设定外轮廓线的长度基准，一般以五官、下颌、肩膀、锁骨等身体部位为基准进行设定，而后设定外轮廓线的角度。如果外轮廓线带有角度，以中心线 – 颈侧点 – 侧中线 – 鬓角点的顺序能够看出整个外轮廓线的倾斜角度。修剪外轮廓线的方法一般有两种，对于没有受到发际线影响和设计中外轮廓线较厚的造型，可以直接进行修剪；对于受到发际线影响和设计中外轮廓线较薄的造型，则要将偏移和修剪相结合来处理。

直接修剪头发的外轮廓线

没有受到发际线影响的造型　　外轮廓线较厚的造型

一边进行偏移处理，一边修剪头发的外轮廓线

受到发际线影响的造型　　外轮廓线较薄的造型

2
剪发线的位置

中心线和侧中线的重心位置

初步设计好发型之后，将所设计发型的后侧和两侧的重心相比较，从重心较高、较明显的一侧开始进行剪发。后侧重心较高时，从后侧开始进行细致的剪发；两侧重心较高时，从两侧进行细致的剪发。

后侧的重心较高

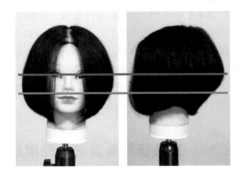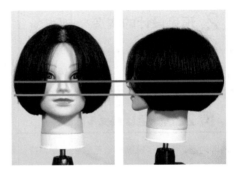

从后侧开始进行细致的剪发

两侧的重心较高

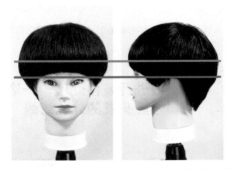

从两侧开始进行细致的剪发

—————— 后侧的重心位置
—————— 两侧的重心位置

3
分片线

重心区的高低差和发片的过渡

发片过渡

发型修剪过程中，经常会有从纵向发片－斜向发片－横向发片，或者从横向发片－斜向发片－纵向发片的变化，而一边考虑到发片方向的变化，一边进行剪发的技术叫作发片过渡。

理论1

如果分片线与中心线或侧中线的角度不发生变化的话，发片的方向也不发生变化。

- - - - - - - - - - - - - - -

理论2

重心区上下两侧的高低差较大，发片过渡技术的使用就比较多。

分片线的特征

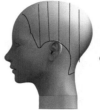
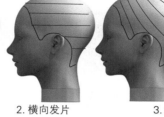

1. 纵向发片

相对于头皮呈纵向的分片线分隔出纵向发片。将纵向发片提拉后进行修剪，不同切口幅度形成明显的重心区，相同幅度切口容易形成平缓的外形。

2. 横向发片

相对于头皮呈横向的分片线分隔出横向发片。将横向发片提拉后进行修剪，容易形成堆积，从而制造出有弧度和重量的形状。

3. 斜向发片

相对于头皮呈斜向的分片线分隔出斜向发片。斜向发片是纵向发片和横向发片之间起连接作用的发片。从接近纵向的斜向发片开始，一直到接近横着的斜向发片为止，发片的倾斜角度变化较大。而与设计相吻合的发片角度的变化，能够沿着头皮的弧度形成立体形状和重心区。这是其显著特点。

重心区和分片线的关系

重心区上下两侧的高低差比较小，则后侧和两侧的分片线变化也比较小

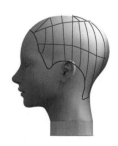

重心区在较高位置的情况

后侧重心区较大且较高，但高低差较小，比较适合采用纵向分片线来划分发片，而且发片本身的方向和角度变化也较小。

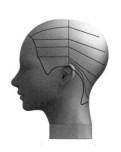

重心区在较低位置的情况

后侧重心区较小且较低，同时高低差较小，比较适合采用横向分片线来划分发片，而且发片本身的方向和角度变化也较小。

重心区位置较高，上下两侧高低差较小，分片线变化较小

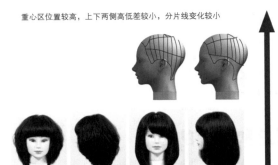

重心区位置较高，上下两侧高低差较大，分片线变化较大

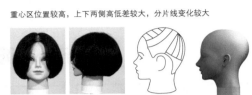

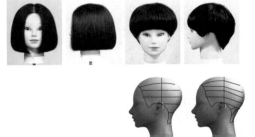

重心区位置较低，上下两侧高低差较大，分片线变化较大

重心区位置较低，上下两侧高低差较小，分片线变化较小

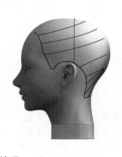

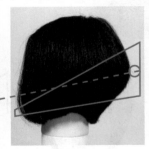

重心区上下两侧的高低差较大，则后侧和两侧的分片线变化也比较大

重心区在较高位置的情况

后侧重心区较大且较高，同时高低差较大，比较适合在上侧区域采用偏横向的斜向分片线来划分发片，而颈部区域则逐渐过渡为采用偏纵向的斜向分片线来划分发片。

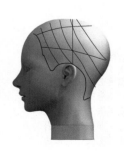

重心区在较低位置的情况

后侧重心区较小且较低，但高低差较大，比较适合采用偏纵向的斜向分片线来划分发片，且斜度与前额发际线相适应。

4

外轮廓线和层次厚度

提拉角度和切口幅度决定层次厚度

根据所设计的发型确定提拉角度和切口幅度，进一步塑造中心线和侧中线上的外轮廓线，是非常关键的技术点。

A 代表有提拉角度且修剪为上长下短的切口幅度的发片，B 代表垂直于头皮提拉后、修剪为相同或上短下长切口幅度的发片。

只设计提拉角度、没有设计切口幅度时做出的造型

侧中线上的外轮廓线膨胀，中心线上的外轮廓线平缓

 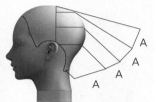

同时设计了提拉角度和切口幅度时做出的造型

侧中线上的外轮廓线平缓，中心线上的外轮廓线平缓

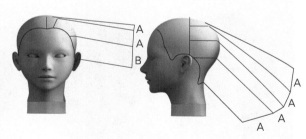

只设计切口幅度、没有设计提拉角度时做出的造型

侧中线上的外轮廓线膨胀，中心线上的外轮廓线突出

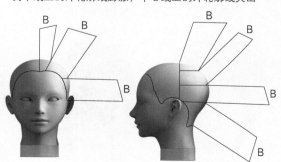

外轮廓线的膨胀区

从正面看的顶点区域、对角区域和侧边区域的侧中线，从侧面看的顶点区域、对角区域、中间区域和颈部区域的中心线，都是设计外轮廓线膨胀区的常用位置。

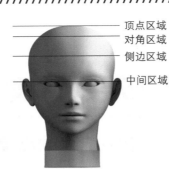

顶点区域
对角区域
侧边区域
中间区域

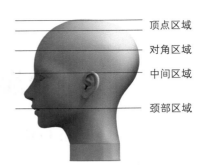

顶点区域
对角区域
中间区域
颈部区域

只设计提拉角度、没有设计切口幅度时做出的造型

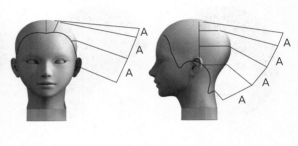

同时设计了提拉角度和切口幅度时做出的造型

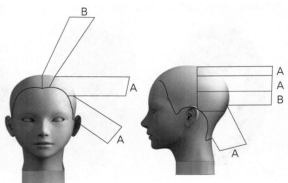

只设计切口幅度、没有设计提拉角度时做出的造型

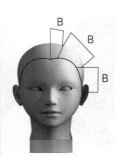
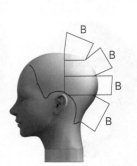

144

5

偏移

重心线

从侧面确定了发型重心区的位置和走向之后，就能够根据重心线的方向确定偏移的方向性了，基本上是将头发从重心较低的位置向重心较高的位置进行偏移处理。从大范围来看，一般分成从后侧向前侧进行偏移和从前侧向后侧进行偏移两种情况，有时候也会出现不同区域采用不同偏移方向的情况。

向前进行偏移处理

后侧的重心位置较低，两侧的重心位置较高，重心线自后下方指向前上方，确定为向前偏移处理后进行剪发。

向后进行偏移处理

后侧的重心位置较高，两侧的重心位置较低，重心线自前下方指向后上方，确定为向后偏移处理后进行剪发。

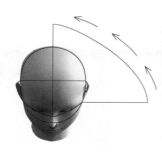  

分开进行偏移处理

后侧的重心位置较高，两侧的重心位置较低，重心线自前下方指向后上方，确定为向后进行偏移处理。但由于脸颊周围不想保留太多头发，所以从侧中线向前的部分进行向前偏移处理。

不进行偏移处理

6

刘海和脸颊的外轮廓线

刘海的长度和偏移决定脸颊外轮廓线的形状

首先考虑所设计的发型中刘海是独立的，还是与脸颊两侧的外轮廓线相互衔接。接下来决定刘海的宽度和长度到底是多少，检查刘海的长度和偏移是否符合脸颊外轮廓线形状的设定。

对刘海进行偏移处理

以 A 型层次为主

以 B 型层次为主

以 A 型层次为主

以 B 型层次为主

刘海独立 ←——————————→ **刘海与脸颊两侧衔接**

以 A 型层次为主

以 B 型层次为主

以 A 型层次为主

以 B 型层次为主

没有对刘海进行偏移处理

1

短发设计发型

短发设计发型的构造分析和示意图

1. 外轮廓线

由于受到发际线的影响，需要一边进行偏移一边进行外轮廓线的修剪。设定后侧中心线下方长度为下颌向下 1cm 的高度。从后颈点到颈侧点的位置，要沿着发际线的形状垂直于头皮向上提拉发片进行剪发；从后颈点到耳点的位置，要向后偏移再进行剪发；从耳点到鬓角点的位置，则要在向后进行偏移的基础上剪成前低后高的形状。

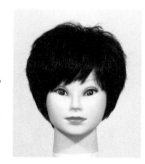
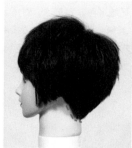
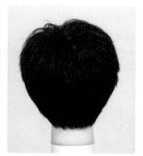

需要注意的问题

后颈点、颈侧点、耳点和鬓角点四个位置外轮廓线的设定是关键。只要这四个点设定正确，就能得到正确的外轮廓线形状。

2. 剪发线的位置

后侧的重心与两侧相比稍稍高一些，因此要从后侧开始进行剪发。后侧重心的位置大约与额头发际线齐平，两侧重心的位置则大约与眉毛齐平。

3. 分片线

重心区在较高的位置，且上下两侧的高低差较大时，多采用斜向的分片线进行发片的划分。

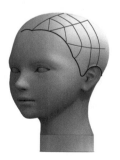

4. 外轮廓线和层次厚度

前侧区域中，前额区域和顶点区域采用 B 型层次，对角区域和侧边区域采用 A 型层次；后侧区域中，顶点区域采用 B 型层次，对角区域、中间区域和颈部区域均采用 A 型层次。

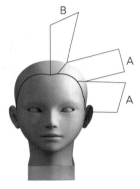
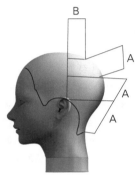

5. 偏移

重心位置前低后高，重心线自前下方指向后上方，修剪时需要向后进行偏移处理。但修剪脸颊周围时，为了使头发变薄，会对侧中线向前的部分进行向前偏移处理。

6. 刘海和脸颊的外轮廓线

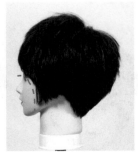

刘海没有形成独立部分，而是与脸颊的外轮廓线相互衔接时，以眼睛的高度作为刘海长度的基准，剪成较薄的轻盈效果。

设计发型 1　短发设计发型

划分分片线的方法，与第 2 章中相同切口幅度短发的造型类似。大部分的短发造型都倾向于使用这种斜向分片线和纵向分片线相结合的方法来划分发片，同时采用了偏移、提拉角度和切口幅度相结合的混合型层次厚度制作方式，形成张弛有度的造型。

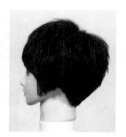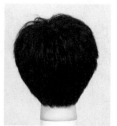

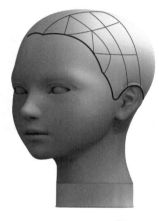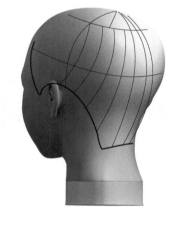

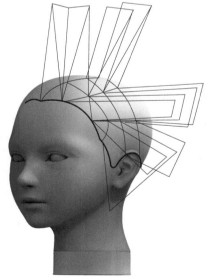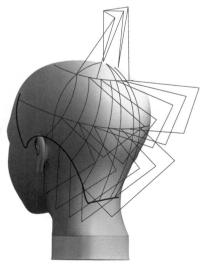

短发设计发型剪发流程

1. 侧中线将头发分为前后两部分，上下区域线将头发分为上下两部分。

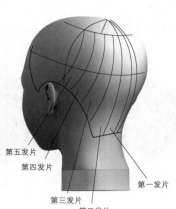

示意图 A

2. 根据示意图 A，将侧中线后侧的下侧区域划分为五个发片，取中心线附近宽度为 2cm 的第一发片，以下颌向下 1cm 的位置为长度基准。

3. 以设定的长度将第一发片垂直于头皮向上提拉，进行高切口幅度的剪发。

4. 这是修剪以后的长度和角度。

5. 取略带斜向的第二发片，分成上下两部分，分别垂直于头皮向上提拉，进行高切口幅度的剪发。

6. 对第三发片和第四发片也同样分为上下两部分，略微向后进行偏移后，进行高切口幅度的剪发。

7. 对侧中线后侧的第五发片也是略微向后进行偏移，然后进行高切口幅度的剪发。

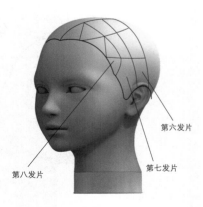

示意图 B

8. 根据示意图 B，将侧中线前侧的下侧区域划分为三个发片，与后侧相互衔接。分别取第六发片和第七发片，向后进行偏移后，进行高切口幅度的剪发。

9. 取第八发片，向后进行偏移后，进行高切口幅度的剪发。

10. 反复修剪第八发片，将其向前提拉后修剪成高切口幅度。

11. 下侧区域修剪好的样子。

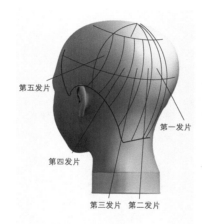

第五发片

第四发片

第一发片

第三发片　第二发片

示意图 C

12. 从发际顶点到黄金点的连接线形成马蹄区域。修剪马蹄区域下侧的对角区域。根据示意图 C，将侧中线后侧的对角区域分为五个发片，取第一发片，垂直于头皮向上提拉，进行高切口幅度的剪发。

13. 取略带斜向的第二发片，垂直于头皮向上提拉，进行高切口幅度的剪发。

14. 第三发片和第四发片要略微向后进行偏移后，进行高切口幅度的剪发。

15. 侧中线后侧的第五发片也是略微向后进行偏移后，进行高切口幅度的剪发。

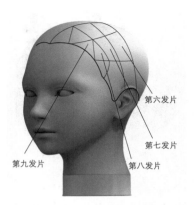

示意图 D

从侧中线开始向后带有偏移地进行剪发。与下面的发片相连接进行划分，这个区域脸部周围的发片数量要增加一个。

第六发片
第七发片
第八发片
第九发片

16. 根据示意图 D，将侧中线前侧的对角区域划分为四个发片，与后侧相互衔接。取第六发片，向后进行偏移后，进行高切口幅度的剪发。

17. 对第七发片和第八发片也向后进行偏移，然后进行高切口幅度的剪发。

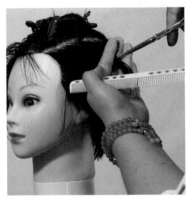

18. 对最后的第九发片同样地向后进行偏移，并进行高切口幅度的剪发。

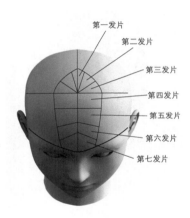

示意图 E

第一发片
第二发片
第三发片
第四发片
第五发片
第六发片
第七发片

19. 根据示意图 E，将马蹄区域分为七个发片，取以侧中线和中心线交叉点为中心、呈放射状的第一发片，垂直于头皮向上提拉，平行于地板进行修剪。

20. 取放射状的第二发片，略微向后偏移，再进行修剪。

21. 同样取呈放射状的第三发片，也是略微向后偏移，再进行修剪。

22. 取侧中线前侧的第四发片，一边向后实进偏移一边进行剪发。将切口修剪成低切口幅度，更自然地与对角区域的头发相连接。

23. 从第五发片到第七发片都是同样地，一边向后进行偏移，一边进行剪发，切口修剪成低切口幅度。

24. 这是已经剪好的样子。

25. 将脸颊周围、发际线附近的头发向前提拉 15 度（1 指距离）进行修剪，以眼睛的高度为头发长度的基准。

26. 采用同样的方式对前额发际线附近的头发进行修剪。

27. 将前额区域和顶点区域的头发平行于地板向上提拉，修剪好的头发长度为基准进行修剪。

28. 采用同样的方式对前额区域和顶点区域的头发进行整体修剪。

29. 对侧边区域耳朵上侧的部分从距离发梢 1/3 处开始进行削发打薄，形成轻盈且有层次的状态。

30. 对侧部点附近的部分从距离发梢 2/3 处开始进行削发打薄。

31. 对鬓角点附近的部分从距离发梢 2/3 处开始进行削发打薄。

32. 对对角区域的前侧部分从距离发梢 2/3 处开始进行削发打薄。

33. 对顶点区域和刘海部分，从头发的中间位置开始削发打薄。

34. 对颈部区域上侧部分，从头发的中间位置开始削发打薄；对下侧部分，从距离发梢2/3处开始进行削发打薄。

35. 对中间区域，从头发的中间位置开始削发打薄。

36. 对对角区域和顶点区域的后侧，从头发的中间位置开始削发打薄。

37. 最后，对整体的发梢进行削发打薄和融合处理。

2

中长发设计发型

中长发设计发型的构造分析和示意图

1. 外轮廓线

由于该发型不会受到发际线的影响，所以直接从外轮廓线开始进行剪发。设定外轮廓线的长度以肩部为高度基准，从后侧开始向两侧进行水平修剪，从中心线 – 颈侧点 – 侧中线 – 鬓角点都采用平行于地板的水平修剪方式。

需要注意的问题

剪发的时候肘部要抬起，避免由于肘部向下弯曲导致长度设定变长。

2. 剪发线的位置

后侧的重心与两侧相比稍稍高一些，因此要从后侧开始进行剪发。后侧重心的位置大约与鼻尖位置齐平，两侧重心的位置则大约与嘴唇位置齐平。

3. 分片线

重心区位置较低，具有一定的高低差，主要采用纵向和斜向的分片线对头发进行划分。在后侧区域使用纵向分片线划分出纵向发片，在侧中线附近使用斜向分片线划分出斜向发片，在侧边区域再改为使用纵向分片线划分出纵向发片。

4. 外轮廓线和层次厚度

在前侧区域中，前额区域、顶点区域和对角区域采用 B 型层次，侧边区域采用 A 型层次；在后侧区域中，顶点区域、对角区域和颈部区域采用 A 型层次，中间区域则采用 B 型层次。

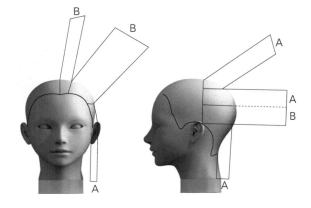

5. 偏移

重心位置前低后高，重心线自前下方指向后上方，修剪时需要向后进行偏移处理。但修剪脸颊周围时，为了使头发产生逆向的外轮廓线，会将侧中线向前的部分进行向前偏移处理。

6. 刘海和脸颊的外轮廓线

刘海没有形成独立部分，而是与脸颊的外轮廓线相互衔接。以下颌的高度作为刘海长度的设定基准，剪成逆向的效果。脸颊两侧的头发在修剪时要一边向前进行偏移，一边剪成带有幅度的切口。

设计发型 2　中长发设计发型

前低后高的重心线制作完成后，能够表现出顶点的轻盈感觉。对角区域向正后方一边进行偏移，一边进行剪发；顶点区域和前额区域则在向上提拉的基础上加入切口幅度，形成有层次的效果。

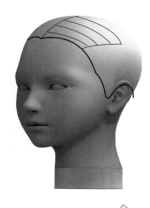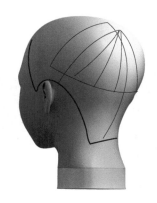

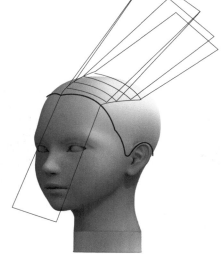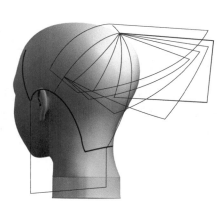

中长发设计发型剪发流程

1. 侧中线将头发分为前后两部分，前侧区域以左 7 右 3 的比例分为两部分。

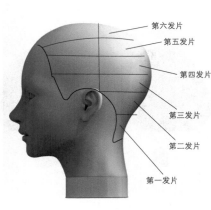

示意图 A

第六发片
第五发片
第四发片
第三发片
第二发片
第一发片

2. 根据示意图 A，将后侧区域分为六个发片。

3. 取第一发片，设定模特底座的高度为长度基准，以 0 度角进行平行剪发。

4. 修剪第一片发片时，需要将模特的头部稍微向前倾斜。

5. 取第二发片，以第一发片的长度为基准，进行 0 度角平行修剪。模特头部同样稍稍前倾。

6. 修剪第三发片时，将模特头部还原成垂直状态。

7. 自后向前修剪第三发片，以第二片的长度为基准，使头发保持自然下垂状态，进行剪发。

8. 对第四发片也采用同样的方式进行剪发。

9. 对第五发片和第六发片，也采用同样的方式进行剪发。不断梳理头发，使其保持自然下垂状态是很重要的。

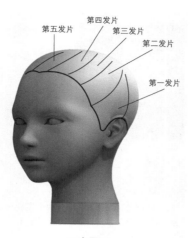

第五发片　第四发片　第三发片　第二发片　第一发片

示意图 B

10. 根据示意图 B，将前侧区域发量较多的一侧分为五个发片，以后侧区域剪好的头发长度为基准进行平行修剪。

11. 对第二发片也采用同样的方式进行修剪。

12. 从第三发片开始，将手指按压在分片线上进行梳理和修剪。对第四发片也是采用这种方式进行梳理和修剪。

13. 对第五发片也同样，将手指按压在分片线上，梳理头发，使其自然向左侧下垂，进行平行修剪。

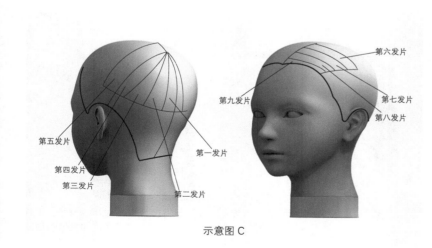

第六发片　第九发片　第七发片　第八发片　第五发片　第四发片　第三发片　第二发片　第一发片

示意图 C

14. 根据示意图 C，将对角区域、顶点区域和前额区域分为九个发片。取黄金点上的第一发片，用梳子向后梳理，并标记修剪位置。

15. 以步骤 14 图片中用梳子标记的长度为基准，相对于地板平行提拉，进行垂直剪发。

16. 取斜向的第二发片，分为上下两部分，将上侧头发一边向后进行偏移处理，一边进行剪发。

17. 取第二发片下侧，一边向后进行偏移处理，一边进行剪发。

18. 对第三发片也分为上下两部分，将上侧头发一边向后进行偏移处理，一边进行剪发。

19. 取第三发片下侧，一边向后进行偏移处理，一边进行剪发。

20. 取第四发片，相对于地板平行向后提拉，进行垂直剪发。

21. 到此为止，已经剪好的样子。

22. 取黄金点前侧宽度为 2cm 的第五发片，相对于地板平行向后提拉，进行剪发。

23. 取宽度为 2cm 的第六发片，相对于第五发片，提拉角度向上增加后进行剪发。

24. 从第七发片到第九发片也同样，逐步比之前发片的提拉角度向上增加后进行剪发。

25. 到这里为止，已经剪好的样子。

26. 前额的头发形成前长后短的切口，自然下垂梳理之后，就会形成前低后高的外轮廓线。

27. 取两侧前侧点之间的头发，宽度为2cm，向上提拉75度（5指距离），剪成相同切口幅度。

28. 将前额区域的头发也以相同的角度提拉后，剪成相同切口幅度。

29. 将模特头部略微前倾，梳理刘海的头发，使其自然下垂。以刘海分界线为中心，剪成内低外高的形状。

30. 用吹风机进行吹发整理，然后开始削发打薄。对侧部点和鬓角点附近的头发，分别从中间的位置开始进行削发打薄。

31. 对侧边区域耳朵上侧的部分，从距离发梢1/3处开始进行削发打薄。

32. 对前额区域的头发，从距离发梢1/3处开始进行削发打薄。

33. 对侧中线附近的部分，从中间的位置开始进行削发打薄。

34. 对颈部区域的头发，从中间的位置开始进行削发打薄。

35. 对中间区域的中间部分，从中间的位置开始进行削发打薄；对两侧靠近耳朵后面的部分，从距离发梢 1/3 处开始进行削发打薄。

36. 对于对角区域，从距离发梢 1/3 处开始进行削发打薄。

37. 对顶点区域的头发，从中间的位置开始进行削发打薄。

38. 最后，对整体的发梢进行削发打薄和融合处理。

3

长发设计发型

长发设计发型的构造分析和示意图

1. 外轮廓线

由于该发型不会受到发际线的影响，所以直接从外轮廓线开始进行剪发。设定外轮廓线最低点约为下颌向下一个头长的位置，自前向后形成前高后低的形状。

需要注意的问题

长发前高后低的外轮廓线设定要保持住，但要注意，每个部分的高低幅度是不同的，修剪时要相应地采用不同方法。

2. 剪发线的位置

整体的重心均在肩膀附近的位置，但相比而言，两侧的重心比后侧稍稍高一点，因此要从两侧开始进行剪发。

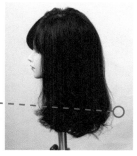

3. 分片线

重心区位置较低，高低差也不太明显，主要采用纵向的分片线对头发进行划分。大部分区域都分为纵向发片，只有前额区域需要单独修剪。

4. 外轮廓线和层次厚度

前侧区域中，前额区域、顶点区域和对角区域均采用 B 型层次，侧边区域采用 A 型层次；后侧区域中，顶点区域和对角区域采用 B 型层次，中间区域和颈部区域均采用 A 型层次。

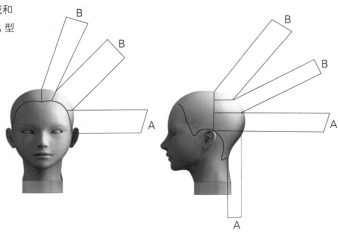

5. 偏移

重心位置前高后低，重心线自前上方指向后下方。修剪时需要向前进行偏移处理。

6. 刘海和脸颊的外轮廓线

刘海独立成型，不与脸颊的外轮廓线相互衔接。以眼睛的高度为刘海的长度设定基准，设计成走向为右侧、发梢带有适当厚度的效果。因此，修剪时要一边向右进行偏移，一边剪成带有幅度的切口。

设计发型3　长发设计发型

对头发整体，大部分都采用纵向分片线来划分发片。在下侧区域，使用高切口幅度来形成层次，颈部区域的外轮廓线要保留一定厚度。对角区域则是使用相同切口幅度来形成轻盈的氛围。整体都稍稍向前侧提拉或进行偏移，使重心线指向后下方。

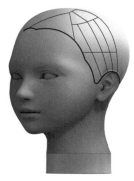
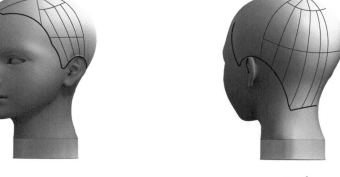

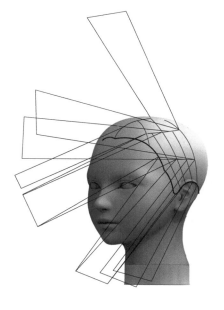
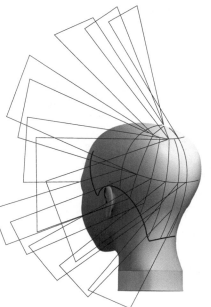

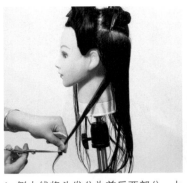

1. 侧中线将头发分为前后两部分，上下区域线将头发分为上下两部分。在颈侧点设定头发长度，约为下颌向下一个头长的距离。

2. 以设定的头发长度为基准，将侧中线后侧的下侧区域头发剪出平行的外轮廓线。

3. 从侧中线开始向前进行剪发时，稍稍形成前高后低的形状。另一侧边区域也同样。

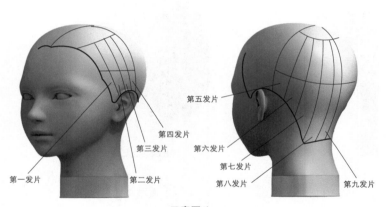

示意图 A

第一发片　第二发片　第三发片　第四发片　第五发片　第六发片　第七发片　第八发片　第九发片

4. 根据示意图 A ，将下侧区域分为九个发片，对第一发片相对于分片线向前平行提拉进行修剪。

5. 对第二发片和第三发片，以第一发片提拉的方向和角度为参考，进行提拉后修剪。

6. 对侧中线前侧的第四发片也以相同的方向和角度向前提拉，剪成高切口幅度的层次。

7. 对侧中线后侧的第五发片，以第四发片提拉的方向和角度为参考进行提拉，向前进行偏移后，剪成高切口幅度的层次。第六发片则以第五发片为参考，向前进行偏移后，剪成高切口幅度的层次。

8. 从第七发片开始，只修剪耳点上侧的部分，下侧的部分无需修剪，用以保持外轮廓线的厚度。

9. 对第八发片也同样地进行剪发。

10. 对最终的第九发片也只修剪上侧部分，同样地以前一个发片为参考，向前进行偏移后，剪成高切口幅度的层次。

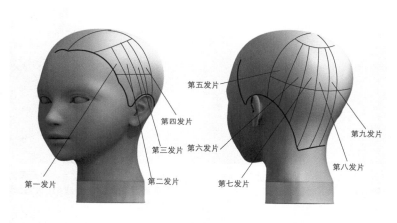

第五发片
第四发片
第三发片 第六发片
第一发片 第二发片
第九发片
第七发片 第八发片

示意图 B

11. 修剪对角区域，根据示意图 B，将对角区域分为九个发片。第一发片到第三发片均为平行于分片线向前提拉后，剪成相同切口幅度的层次。

12. 对从侧中线前侧的第四发片，要向前进行偏移后，修剪成相同切口幅度的层次。

13. 对侧中线后侧的第五发片也是同样，向前进行偏移后剪修成相同切口幅度的层次。

14. 从第六发片到第八发片，可以根据发片大小分为上下两部分进行修剪，分别向前进行偏移后，剪成相同切口幅度的层次。

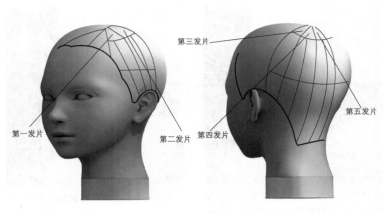

示意图 C

15. 对最后的第九发片也同样，根据发片大小分为上下两部分进行修剪，分别向前进行偏移后，修剪成相同切口幅度的层次。

16. 根据示意图 C，将前侧区域以左 4 右 6 的比例分为两部分，保留前额区域。先修剪顶点区域发量较少的一侧，将其分为五个发片，将第一发片平行于地板向前提拉，修剪成相同切口幅度的层次。

17. 将第二发片垂直于头皮向上提拉，修剪成相同切口幅度的层次。

18. 对第三发片和第四发片，也是垂直于头皮向上提拉，修剪成相同切口幅度的层次。

19. 对第五发片也同样，垂直于头皮向上提拉，修剪成相同切口幅度的层次。

20. 采用与步骤 16 ~ 步骤 19 同样的方式对顶点区域发量较多的一侧进行分片和修剪。将发量较多区域的第一发片平行于地板向前提拉，修剪成相同切口幅度的层次。

21. 将发量较多区域的第二发片垂直于头皮向上提拉，修剪成相同切口幅度的层次。

22. 对发量较多区域的第三发片和第四发片，也是垂直于头皮向上提拉，修剪成相同切口幅度的层次。

23. 对发量较多区域的第五发片也同样，垂直于头皮向上提拉，修剪成相同切口幅度的层次。

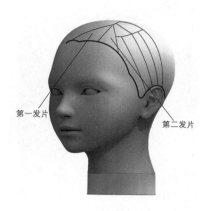

示意图 D

24. 根据示意图 D，将前额区域分为左 4 右 6 的两个发片，以眼睛的高度为修剪长度的基准。

25. 取第一发片，平行于地板向前提拉并向左侧进行偏移，修剪成相同切口幅度的层次。

26. 一边修剪，一边逐渐减小偏移幅度和提拉角度。

27. 修剪至第一发片的最右侧时，不产生偏移，且提拉角度为 0 度。

28. 采用同样方式修剪第二发片，将其平行于地板向前提拉并向右侧偏移，自右向左修剪为相同切口幅度。一边修剪，一边逐渐减小偏移幅度和提拉角度。修剪至最左侧时，不产生偏移，且提拉角度为 0 度。

29. 用吹风机进行吹发整理以后，开始削发打薄。对侧部点和鬓角点附近的头发，分别从中间的位置开始进行削发打薄。

30. 对侧中线附近的部分，从距离发梢 1/3 处开始进行削发打薄。

31. 对顶点区域的头发，从中间的位置开始进行削发打薄。

32. 对颈部区域的头发，从距离发梢 1/3 处开始进行削发打薄。中间区域的头发从中间的位置开始进行削发打薄。

33. 对于对角区域的头发，从中间的位置开始进行削发打薄。

34. 对前额区域的头发，从中间的位置开始进行削发打薄。